JN186026

4K、8K、スマートテレビのゆくえ

Smart TV

2020年に向けて
次世代放送はどう進化するのか

西 正 [著]

中央経済社

はじめに

　2011年7月24日。直前に大被災した東北三県を除いて，全国で当初予定どおりに，アナログ放送が終了し，地デジ化が完了した。

　放送業界の関係者，受信機を作る家電メーカー，そして何より一般消費者にとっては，これで一段落したという思いが強かったに違いない。2003年の12月に関東・中部・近畿の三大広域圏から始まった地デジであったが，7年半をかけて，全国の消費者にテレビの買い替えを求めるものであったこともあり，確かに，こうしたことが頻繁に起こるようでは，消費者も含めた関係者にとってはたまらないと思われて当然であろうと思われる。

　しかしながら，技術の進歩に終わりはないので，新たなサービスが提唱されることになってくるわけである。それが「次世代放送」と呼ばれるもので，2013年6月に，総務省の「放送サービスの高度化に関する検討会」の出した中間報告によって，一気に注目を集めることとなった。一般消費者からすると，御用とお急ぎでない話だと思っていたら，まだ放送もDVDのようなパッケージも，つまり見るものがまったくないうちに，量販店のテレビ売り場では，4Kテレビ一色になったのに驚いた。

　日本人の好みが海外とは異なっていることを示すという意味では印象的な事実が裏付けになっていたという事情がある。つまり，日本人は高画質が好きなのである。

　その目玉が，4K，8Kといった「超高画質放送（以後：スーパーハイビジョン）」と，インターネットと放送を連携させた「スマート

テレビ」の2つである。

　地デジ化についても多くの人の理解を得るのに，相応の時間を要したものであったが，スーパーハイビジョンやスマートテレビとは，一体どういうサービスのことをいうのかを広く知らしめるのには，地デジ化どころではない努力が求められると想像される。

　ところが，現実は必ずしも予想どおりになどいかないもので，確かにいろいろな誤解をまとったままではあったが，2014年4月1日からの消費税増税を前に，高額の4Kテレビが大変な売れ行きを見せた。4Kコンテンツ自体が提供されていない段階であるだけに，一時的な現象だろうと思って見ていた人が多いと思われるが，消費税増税後の夏のボーナス商戦でも目玉商品として売れ続けた。

　4Kテレビを早々に購入した人たちのうち，そもそも「4K」とは何なのかを正しく理解していた人は少ないと思われる。なぜなら，「見る物の無い」環境にあるにもかかわらず，4Kテレビが購入されていったからである。

　4Kテレビというのは，今のハイビジョンの放送をさらに美しく再現するものだと思われていたようだ。テレビの構造自体は進歩しているので，今の放送も綺麗に見えるというのは，あながち気分的な思い込みとはいえなさそうだ。

　一方のスマートテレビにいたっては，その定義すら不明瞭でありながらも，アナログ停波の前からすら，大きく注目を集めていた。何をもってスマートテレビと呼ぶに値するのかも定まらないまま，着実にいろいろなサービスが登場してくることとなった。

　4K，8Kといい，スマートテレビといい，「簡単にいうと，何が違うのか？」という疑問が当然に起こってくるだろう。その答えが返ってこないまま，私たちの生活の中に着々と浸透していくだけに，

「分かるように説明してくれ！」というニーズも大きいに違いない。

2020年の東京オリンピックの開催に向けて，正規のサービスに収束していくと思われるが，振り返ってみたときに，2014年のあたりから始まった「次世代放送」の話題が，気がつけば一般家庭に広く普及しているように思われるのと同時に，そのころには「次世代」という冠は消えているに違いない。

ただし，それまでの間は引き続き，「次世代放送」とは何なのかといった解説は不可欠である。また，それだけの巨大市場が待ち受けているのであれば，関係者がビジネスチャンスを逃すことのないよう，定義の曖昧さを解消し整理整頓を行っていくことにも何らかの意味があるように思われる。

とはいえ，視聴者目線，一般消費者目線を忘れては何にもならないことも肝に銘じておかないと，空回りして終わってしまいかねない。

本書は，ベーシックな説明を行うと同時に，2020年の東京オリンピックに向けて，次世代放送がどういう進化を遂げていくのかについて，筆者なりの将来予想図を示していければ何よりだと思って執筆した次第である。

2015年5月

西　　正

目　次

はじめに

第1章　4K，8K，スマートテレビとは何か──1

議論の始まりと簡単な定義／3
「4K，8K」とスマートテレビ／6
4Kテレビの売れ行き先行／8
欠かせぬアーリーアダプターへの配慮／11
テレビ受信機と放送の関係／13
歴史を紐解いてみると／14
4Kコンテンツのビジネス性／19
スマートテレビは4K対応が当たり前／21
消費者から遠い「4K放送」／23
4Kテレビはなぜ売れる？／26
混乱する「スマートテレビとは？」／28
スマートテレビ最大の課題は結線率／30
ケーブルテレビ・プラットフォームが議論される理由／32
ケーブルテレビにとっての好機と危機／34

第2章　4K放送，8K放送の期待と不安──39

4K放送，8K放送はいつ，どこで始まるのか／41
ビジネスモデルにも関係／44
地上波を使った8K伝送実験の意義／46

放送電波の性格は／49
４Ｋ放送の中核はＢＳ／50
８Ｋ放送に寄せられた是々非々の声／53
４Ｋコンテンツへの期待／55
「ゴジラ４Ｋプロジェクト」の意義／57
「フィルムの４Ｋ再生」を見て思ったこと／60
ワールドカップ，８Ｋパブリックビューイングの意義／62
４Ｋと８Ｋの性格の違いも／64
４Ｋ放送に感じる一抹の不安／66
地上波の凋落の回避が重要に／69
４Ｋ放送の時代こそ，地方局が活躍／71
制作会社として機能する地方局／73
シネコン向け８Ｋビジネスへの期待／75
生かされる８Ｋの臨場感／77
MPEG-DASHへの期待／80
家電メーカーにも好影響／82

第3章　スマートテレビで何ができるのか ── 85

ハイブリッドキャスト，スマートテレビの代名詞に／87
最初の冒険，「旬美暦」／89
ハイブリッドキャスト，さらなる進化へ／90
ＨＴＭＬ５ならではの有効性も／92
ハイブリッドキャスト，「早戻し」のニーズ／94
やはり課題は結線率／97
リモート視聴は本当に便利なサービスなのか／99

「まねきTV」が争点になった理由／101

決め手はウェブアプリ／103

データ放送が変わる／105

民放の課題はCMの取り扱い／107

Start Overの潜在力／109

セカンドスクリーン活用と広告収入の可能性／111

スポンサーにアピールするための指標の統一は？／113

視聴履歴の難しさ／116

リビングのテレビは／119

法改正により広がるNHKのネット展開／120

VODへの誘導／124

ハイブリッドキャスト，着々／125

欠かせない認知度向上／127

第4章　2016年の4K，8K，スマートテレビ── 131

4K，8Kの本格的試験放送の開始／133

4K放送の受信機は心配無用／135

8K放送に最大のハードル，受信機問題／137

家電メーカーの発想／141

スマートテレビが当たり前になって思うこと／142

放送側にも求められる意識改革／146

シニア層の取り込み／147

見守りサービスにも配慮／150

当たり前になる「放送とネットの同時再送信」／152

リモート視聴のニーズ／154

2015年に始まった「2020年に向けた動き」／157
NHKのネット事業拡大も契機に／160
「おもてなしプロジェクト」の準備／161
コンテンツ制作投資の意義は／162
Netflixの試みは成功するのか／164
多チャンネル放送，分岐点に／167
日映の強さとは／169

第5章　2020年の4K，8K，スマートテレビ── 173

東京オリンピックの意義／175
オリンピックの明と暗／176
4K放送がオリンピックを機に「暗」転？／178
4K放送は地方局に無縁なのかチャンスなのか／180
地方局が文化の発信拠点に／182
すべてが4K受信機に／184
スマートテレビも一気に／186
テレビ放送のネット再送信は／188
テレビ広告費市場には拡大の余地も／190
4Kテレビ，心配なことは／192
8Kテレビ普及のハードルは／194
8Kテレビの追い風は／196
イノベーション！「55インチの8Kパネル」／198
逆ガラパゴスに臆さず／201
本当のグローバル化とは／202
MUSEの魂／204

高画質で世界市場へ／205

おわりに／209

第1章

4K, 8K, スマートテレビとは何か

議論の始まりと簡単な定義

　毎年の年初にラスベガスで開かれるCES（Consumer Electronics Show）という家電見本市では，その年の注目商品が世界中の各社から展示されるが，2013年のCESで注目を集めたのが「4K」対応のテレビ受信機であった。

　注目商品といっても，見本市に出る段階というのは，世の中に流通し始めるのに5年から10年はかかるものなので，すでにそれが売られている日本は，かなり早く取り組み始めたといえる。

　地デジ化を機に実現したフルハイビジョンテレビの画素数は，横（水平画素）1,920×縦（垂直画素）1,080で，縦横合計で207万3,600になるが，「4K」テレビは，横3,840×縦2,160で合計829万4,400にも達する。簡単にいえば，今のフルハイビジョンの4倍の画素数ということになる。

　ちなみに，今のフルハイビジョンは「2K」ということになるのだが，ピンとこない読者も多いと思う。デジタル放送が登場するまでは，普通のテレビ放送のことをアナログ放送とは呼ばなかったように，次世代バージョンが登場してくると，それに合わせて，それまでのテレビ放送の呼び名も変わるという事情にある。「2K」，「4K」，「8K」についてもまったく同じことであると考えれば分かりやすくなるかもしれない。

　NHKの放送技術研究所（以後，NHK技研）で開発された「8K」が，もともとはスーパーハイビジョンと呼ばれていた経緯にあり，「4K」の登場とともに，それとの比較で「8K」と呼ばれることになった。「8K」になると，横7,680×縦4,320であり，合計では3,317万7,600にまで達する。NHK技研の公開で見てきた限りでは，「8K」

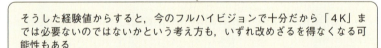

を生かすだけの大画面テレビは家庭向けではないだろうと思われたが，昨今の受信機メーカーの開発の状況によると，70インチのテレビ受信機であれば，その魅力を伝えられるだろうといわれている。

とはいえ，まずは目前にある「4K」である。今のフルハイビ

ジョンでも十分に綺麗に感じることは確かなので，それ以上の高画質が必要とされるだろうかという疑問の声を耳にすることも多い。

　しかしながら，最初に今のハイビジョンを見せられたときも，同じ感想をもったことは事実である。特に専門分野に特化したCSチャンネルは，SD（Standard Definition）画質であったが，視聴者の要望としては，あくまでも専門分野に特化したコンテンツの提供であり，地デジやBS放送のようなHD（High Definition）でなくとも構わないだろうと考えられた。

　画質を上げるのには，かなりのコストを要することを考えると，少しでも資金に余裕があるのなら，それはコンテンツに投入するべきだと思われたからである。また，SDとHDを見比べれば，確かに画質の違いは明らかであったが，別にSDだから見るに耐えないというものでもないだろうと感じた次第であった。

　地デジ化の進展にともない，地デジ，BS，CSの三波共用機がデジタルテレビの標準として普及していき，110度CSの各チャンネルも順次HD化を進めてきたことにより，テレビ放送といえばHD画質であることが当たり前になってしまった。

　そうなってみると，確かにSD画質が粗く見え始めたことも確かである。結局のところ，画質の問題というのは，視聴者の「慣れ」によることに尽きるのだが，そうした経験値からすると，今のフルハイビジョンで十分だから，「4K」までは必要ないのではないかという考え方も，いずれ改めざるを得なくなる可能性もある。

　家電メーカー各社は，2011年7月24日のアナログ停波に向かう時期をピークとして，テレビ受信機の売上げ不振に転じることとなった。ある程度は，将来需要を先取りしてしまった感があるので，その落ち込みは予想された範囲内ではあると思われるが，メーカーの

生産ラインというものは中途半端に縮小してしまうと，非常に非効率となり，コスト増加要因となってしまう。そのために，業績の悪化は避けられず，中途半端に縮小するくらいなら，テレビの生産を中止してしまったほうが，採算が改善できることは確かであった。
　家電メーカーの中には，テレビ受信機の生産をやめてしまうという決断を行ったところもあるが，モノ作りというものは，また好況になってきたら，生産を再開すればよいというほど簡単な話ではない。
　テレビ放送とテレビ受信機は一心同体で発展してきた経緯にあり，今は多様な受信機でも視聴することができるようになったが，それでもリビングに置く大画面のテレビ受信機が不要になることは考えられない。
　そのため，今の需給環境の中にあって，引き続きテレビ受信機を生産し続けていくためには，何らかの付加価値を付けるしかなかったわけである。

「4K，8K」とスマートテレビ

　付加価値として，最も有望なのが，HTML5に対応したブラウザを搭載するスマートテレビと，「4K，8K」の画質を映し出せる受信機である。
　需要がピークアウトしてしまっているとはいえ，地デジのスタートが2003年12月であったことからすると，早期にテレビを買い替えた人たちから順に，新たな付加価値を楽しむべく買い替え需要が発生し始めると思われる。もともとが新しいものに強い関心を示す人たちであろうことから，買い替えは大いに期待できるところである。
　2014年という年は，折しも脱デフレ政策が功を奏し始め，一般家

庭の台所事情も向上し始めたタイミングであった。

とはいえ，まだまだ生産ラインをフル稼働できるほどの需要があるわけではない。スマートテレビの機能だけとか，「4K」の機能だけというアピールでは足らないので，両者をセットにして提供していくことがベストである。

わが国の場合には，テレビ受信機の買い替えを促すうえで最も効果的なのが，画質の向上であるということは，メーカーの経験値としてよくいわれることである。

あとは，「4K」のコンテンツがどれだけ提供されるかにもよるだろうし，少なくとも地上波放送での提供は難しそうなので，衛星放送または光回線経由で提供されることにならざるを得ない。最も強い制作力を誇る地上波局にとって，本丸でないところでの勝負となるため，景気回復による広告収入の回復が，特にBS放送について目立つようになることも期待したいところでもある。

もうひとつの肝心な点として，「4K」というネーミングの良し悪しも見直されるべきであるように思えた。現状は業界関係者だけが議論しているのに近いので，「4K」でも構わないのだが，これから一般の消費者にアピールしていく際には，そのネーミングが適切なのかが問われるように思えた。

そもそも先に「3K」という言葉があり，労働環境・作業内容が「きつい（Kitsui）」，「汚い（Kitanai）」，「危険（Kiken）」であることを指して使われていたからだ。「4K」といったら，そこにもうひとつ悪いことが付け加わるようなイメージになりかねない。

ネーミングというのは，受ける印象にも強く影響することから，非常に重要な要素である。わが国の多チャンネル放送の視聴世帯は，2割程度で，米国の8割超と大きく異なっているが，各チャンネル

のネーミングが凝り過ぎていて，何のチャンネルだか分からず，結果として認知度が上がらないということが大きな理由として考えられる．

　フルハイビジョンの発展形であることを知らしめるには，それを上回る意味の接頭語を付けたハイビジョンというのがよいと思われるが，スーパーハイビジョンが先に「8K」のネーミングとして使われてしまっている．

　もっとも，ITU-R（国際電気通信連合 無線通信部門：International Telecommunication Union Radiocommunications Sector）の勧告によると，「8K」はウルトラハイビジョンと呼称すべきだという指摘もある．それに応じて，「4K」をスーパーハイビジョンとして使えば良いと思うが，「8K」を開発してきた人たちの思いもあるので軽々にはいえない．

　ただ，ネーミングが重要な要素であるという認識は早期に再確認して，愛称のようなものを決めておくべきである．ニュース等で「4K」という名称のまま，一般世帯に浸透してしまう前に取り組むべきであったようにも思われる．

4Kテレビの売れ行き先行

　家電製品に限らないが，2014年3月に幅広い分野で売上げが好調であった理由は，4月1日からの消費税増税前に，高額商品に駆け込み需要があったことによる．しかし，4Kテレビは，そこに留まることなく，同年夏のボーナス商戦でも目玉商品となったところを見ると，明らかに消費者ニーズの高さを思い知らされる．

　おそらく多くの購買者は，4Kという単語の意味を理解していないと思われる．家電量販店のプッシュやテレビCMを見ている限り

は，高画質の大画面テレビというところが印象付けられていた感が強い。

　今の放送が２Kであるといわれ，それとの違いで４Kを勧められても，そもそも２Kが何のことだか分からなければ，業界関係者用語の域を出ないのだろうと思う。

　また，家電メーカーからすれば，新商品もすぐに低価格化が進んでしまう昨今，せっかくの高額商品を買ってくれる消費者に対して，わざわざ余計な説明はしたくないところだろう。詳しくは知らないけれど，今よりさらに高画質の放送を楽しめるのであればと，４Kテレビを買ってくれるのなら，余計な説明は営業妨害にしかならない。

　４Kコンテンツを見る機会もないのに，それでも４Kテレビが売れるということには，注目すべきである。それは，日本のテレビ視聴者は，高画質へのニーズが高いということである。よく欧米発のネット系の新サービスを探してきては，それが日本にも来ることで，日本のテレビ局が崩壊するとあおる論者が多い。

　それらの大間違いは，欧米であったら，日本の今の２K放送すら，信じがたいほどの高画質であり，さらに４K，８Kといった話が進んでいることは理解不能に違いないからである。

　それだけ，欧米と日本では視聴者が求めるポイントが違っているということであり，そうした違いを踏まえて考えれば，画質については二の次に近い欧米発のネット系サービスが上陸してきても，別に日本のテレビ局の脅威とはなり得ないことも分かるはずである。

　そういう視点からも，今の４Kテレビの好調な売り上げ動向を見ていくことが必要であると思われる。

　ただし，そうした黒船脅威論者の議論の浅さは別として，肝心の

4Kコンテンツを楽しむ機会がほとんどないにもかかわらず，4Kテレビが知らぬ間にそれなりの市場規模を形成しつつあることについて，改めて冷静に考えてみる必要がある。

　4Kコンテンツが楽しめるようになるには，4K放送を始める事業者が登場してくること，放送は無くてもパッケージなどで4Kコンテンツが楽しめること，VODサービスを利用してオンデマンドで4Kコンテンツを視聴できることといった選択肢くらいである。

　4Kの映像を家庭に届けるためには，デジタル放送の強みを生かして，情報を圧縮して送り出し，それを家庭のテレビで解凍して視聴するといったことが必要になる。その圧縮技術になるといわれているHEVCも，解凍できる装置をチップ化して，それをテレビに内蔵できるようにするには，2014年度中に実現するのが精一杯であると聞いている。

　つまり，それを内蔵してからの4Kテレビを購入すれば，どういった伝送路で届けてこられようと，特に何かをすることなく4Kコンテンツが楽しめる。

　つまり，これまで買われた4Kテレビや，内蔵機能を備えたテレビが出荷される前に買われた4Kテレビでは，4Kコンテンツを楽しむ環境が出てきた際に，HEVCの解凍機能を備えた何らかの装置を外付けでつながなければならなくなる。

　今のまま，放送を行うと名乗りを上げる事業者が出てこず，4Kコンテンツの情報量を記録できる媒体が出てこなければ，VODで楽しむのが唯一の方法となり，そのためのSTBを外付けで付けることになるため，今の購入者も別に不自由を感じることはないだろう。

　だが，何らかの形で放送サービスが行われることになると，内蔵テレビの登場前にテレビを購入した人たちには，アンテナを建てて

直接受信するには外付け装置が不可欠になるし，ケーブルテレビやIPTVの伝送を受ける場合にも外付けの機器は必要になる。

仮に，対消費者サービスという観点から考えた場合に，アンテナでの直接受信であるとか，有線経由のパススルーで届けられることになった際には，そうしたことを知らずに4Kテレビを購入した人は不満を抱くに違いない。

「4K」という単語の意味すら分からなかったし，売り場でも特に詳しい説明が得られなかった消費者からすれば，実は1，2年待つだけで，4Kコンテンツを受ける機能をもった4Kテレビが出てくるのなら，先にいってくれということになるだろう。

BS放送のデジタル化，その後の地デジ化という流れの中では，放送サービスが出ている中で，それを受けるテレビを購入するといった形になるため，早々に購入した人たちは高い値段で買うことになったかもしれないが，その分だけ早く，2Kのフルハイビジョン画質を楽しめたという捉え方もできないわけではない。

欠かせぬアーリーアダプターへの配慮

新たな商品・サービスが登場してきたときに，それが普及期を迎える前から，いち早く利用する人たちをアーリーアダプターという。アーリーアダプターは，少々高いコストを投じてでも，新たな商品・サービスのメリットを享受できることを重視するものである。

しかし，今の4Kテレビの場合には，それを買ってきたからといって，人より早く楽しめるコンテンツは無いという状況にある。2Kの地デジも少しは綺麗に見えるといわれてはいるが，その程度のメリットにしては，テレビの価格が高すぎる感は否めない。

ひかりTVが2014年の10月から，4Kの商用VODサービスを開始

したこともあり，早々に4Kテレビを買った人たちには朗報であったと思われる。ひかりTVも加入者増加を狙える形になっている。

しかし，そのひかりTVも一方では，4Kの伝送実験を行っていたように，VODだけではなく，ストリーミングの形で4Kコンテンツが届けられる。

4Kよりもさらにハードルが高いと思われる8Kについて，NHKが8K放送を始める方針を打ち出していることからすると，4K放送の登場が見られないままになるとは思われなかった。

そうなったときに，4K放送を受信する機能をもたないテレビが，あらかじめこれだけのスピードで普及してしまったことは，何らかの説明責任を誰かが負わざるを得なくなりはしないだろうか。

確かに，4Kの伝送路がなかなか明確に決まらないという事情は分からないでもない。ただ，PC，携帯電話，スマホ，タブレットと，次々と新たな機能を発揮する機器が登場してきて，それらの1つひとつが最初の段階では，将来はこのあたりに収束するであろうといった説明をし得なかったことを考えれば，今さらテレビにだけそうした説明をすべきであるというのもおかしな話ではある。

発展途上のテレビがここまで売れるとは誰も考えていなかったのかもしれないが，それが1, 2年のうちに大きく姿を変えることを，分かっている人たちは分かっていただけに，スマホやタブレットと同じようにテレビについても受け入れられていくのかどうかは一抹の不安が残る。

誰が悪いといった犯人捜しも，あまり建設的な議論にはならないと思えるだけに，少しでも早く4Kコンテンツの伝送路がいくつも示されることに期待したいところである。黒船脅威論などに耳を貸している暇があったら，日本人特有の高画質志向を再認識すべきで

あり，アーリーアダプターが決して損をするわけでないといった形にもっていくことが急務であると思われるのである。

テレビ受信機と放送の関係

　放送サービスに限ったことではないかもしれないが，新たなサービスがスタートする時期に，それを受ける機器が先に市場に投入されていなければいけないのかというのは，考え方の分かれるところである。

　4K放送と4Kテレビの関係については，4Kテレビが早々に売り出されており，2014年の春先にはすでに，販売台数は60万台を突破したといわれているが，その4Kテレビはパネルだけが4Kになっているだけなので，4K放送の受信機とはいえない。

　もちろん，機器の高度化には優れたものがあり，その4Kテレビで地デジの2Kの映像を見ても，2Kのテレビよりも少し綺麗に見えるようになっているものもあるので，購入した人にも相応のメリットはある。4Kテレビは，消費税増税前に高価な家電製品が売れたうちのひとつとして数えられているが，4K放送の認知度のほうがはるかに低いせいで，その放送がいつ始まるのかを詳しく知っている人はあまりいないに等しいので，4K放送の受信機として議論すべきではないのかもしれない。あくまでも現段階では，大画面でより高画質なテレビ受信機を買い求めようと考えて，量販店などに行けば，そこで売られている4Kテレビが，そのニーズに応えられる製品であることでしかない。

　そのため，受信機が先か，放送が先かという議論については，それとは別の角度から考える必要がある。

　受信機が無いところに向けて放送しても，それを誰も受けられな

いのでは仕方ないし，逆に受信機だけを買っても，それに向けた放送が行われていなければ，何のために受信機を買うのかも分からない。

　ただ，新たな放送サービスをスタートさせるのにも準備期間が要るように，新たな受信機を開発するのにも相応の準備期間が必要である。かつては，18ヵ月ルールというものがあり，家電メーカーとしては受信機の技術規格が決まってから，それを市場に投入するには1年半近い期間を要するといわれた時期もあった。

　そういう意味では，受信機だけが先に出るということも起こり得ないし，放送サービスだけが先に出る意味もないことになり，両者の間で事前に周到な打合せが行われていることの結果として，そう大きく乖離することはないようにしてあると思われる。

　むしろ，新たな放送サービスの認知度の高低のほうが，圧倒的に重要であることは間違いないだろう。

歴史を紐解いてみると

　ちなみに，テレビ放送の開始時まで遡って検証してみると，日本で最初の白黒のテレビ放送が始まったのが，1953年2月にNHK東京テレビジョンによるものであり，シャープから国産第一号の白黒テレビが発売されたのは直前の1月であった。

　当時はテレビ受信機が各家庭に普及するといった段階になかったので，放送の開始直前に受信機が発売されたとはいえ，ほぼ同時であるのと，現実には受信機の無いところに向けて放送が開始されたのに近いといってよいだろう。

　次がカラーテレビの登場ということになる。NHKがカラーテレビの実験放送を開始したのが1956年12月のことであり，NHKと民

テレビ受信機の歴史

1897年	テレビジョンの画像を映し出すための「ブラウン管」を発明（ドイツ発明者「K.F.ブラウン氏」による）
1926年12月	高柳健次郎によって世界初のブラウン管を用いたテレビ受信器で，カタカナの「イ」の文字を表示させることに成功。
1953年1月	シャープから国産第1号の白黒テレビが発売
1960年7月	東芝から国産初のカラーテレビが発売
1978年	音声多重放送対応テレビが発売
1990年	ハイビジョン放送対応テレビが発売
2003年10月	地上デジタルテレビ放送対応テレビが発売 液晶テレビ・プラズマテレビの普及
2010年4月	3Dテレビ放送対応テレビが発売
2011年12月	東芝が世界初4K UHDTVを発売

テレビ放送の歴史

1888年	「電波」の発見(自然科学者「ヘルツ氏」による)
1939年5月	NHK砧技研の高さ100mの鉄塔から東京一円に電波を飛ばす日本発のテレビジョンの試験放送実施
1953年2月1日	「NHK東京テレビジョン」がテレビジョン放送を開始
1953年8月	「日本テレビ」が初の民放としてテレビジョン放送を開始
1955年4月	民放第2局（ラジオ東京テレビジョン→TBS）開局
1956年12月	NHKカラーテレビ実験放送開始
1958年12月	東京タワー（正式名称は日本電波塔）運用開始
1959年1月	NHK東京教育テレビジョン放送開始
1959年2月	初の民間教育専門局，日本教育テレビ（現・テレビ朝日）開局
1959年3月	フジテレビジョン開局
1960年9月	NHKと民放4局がカラーテレビの本放送を開始
1964年4月	国内2番目の民間教育専門局，日本科学技術振興財団 テレビ局（現テレビ東京）開局
1972年	NHK総合テレビが全番組カラー化
1978年9月	日本テレビ，音声多重放送開始
1984年5月	NHKが衛星放送の試験放送を「NHK衛星第1テレビ」開始
1988年8月	朝日放送が史上初のハイビジョン生中継
1989年6月	NHK，衛星（BS）放送本放送スタート
2000年12月	「BSデジタル放送」開始
2003年12月	3大都市圏でNHK，民放一斉に地上波デジタル放送開始
2007年12月	3D放送開始
2014年10月	ひかりTVによる4Kの商用VOD開始
2015年3月	スカパーが4K放送開始
2016年	NHK，民放による4K・8K試験放送開始予定

テレビ受信機とテレビ放送の歴史比較

放送の歴史
- NHK砧技研の高さ100mの鉄塔から東京一円に電波を飛ばす日本発のテレビジョンの試験放送実施
- 1953年1月 「NHK東京テレビジョン」がテレビジョン放送を開始
- NHKカラーテレビ実験放送開始
- 東京タワー（正式名称は日本電波塔）運用開始
- 1960年7月 NHKと民放4局がカラーテレビの本放送を開始
- NHK総合テレビが全番組カラー化
- 1978年 日本テレビ、音声多重放送開始
- NHKが衛星放送の試験放送を「NHK衛星第1テレビ」開始

受信機の歴史
- 1939年5月
- 1953年2月1日 シャープから国産第1号の白黒テレビが発売
- 1956年12月
- 1958年12月
- 1960年9月 東芝から国産初のカラーテレビが発売
- 1972年
- 1978年9月 音声多重放送対応テレビが発売
- 1984年5月

放4局がカラーテレビの本放送を開始したのが1960年の9月であった。一方，国産初のカラーテレビの受信機が東芝から発売されたのは1960年の7月ということで，やはり本放送が開始される直前ということになる。

受信機が先か放送が先かということでは，とりあえずわずかの期間ではあるが，受信機が先に発売されている。

NHKの総合テレビの全番組がカラー化されたのが1972年であることから，カラーテレビの受信機でも普通に白黒の放送は受信され

第1章 4K，8K，スマートテレビとは何か

- 1988年8月：朝日放送が史上初のハイビジョン生中継
- 1989年6月：NHK、衛星（BS）放送本放送スタート
- 1990年：「BSデジタル放送」開始
- 2000年12月：ハイビジョン放送対応テレビが発売
- 2003年10月：3大都市圏でNHK、民放一斉に地上波デジタル放送開始
- 2003年12月：液晶テレビ・プラズマテレビの普及
- 2007年12月：地上デジタルテレビ放送対応テレビが発売
- 2010年4月：3D放送開始
- 2011年12月：ひかりTVによる4Kの商用VOD開始
- 2014年10月：3Dテレビ放送対応テレビが発売／東芝が世界初4K UHDTVを発売
- 2015年3月：スカパーが4K放送開始
- 2016年：NHK、民放による4K・8K試験放送開始予定

　ていたということだ。もっとも，放送がカラー化されても白黒テレビ受信機では普通に白黒テレビ放送が視聴できたことから，受信機の完全カラー化が広く普及するのに少々時間をかけていても間に合ったというのが，当時の状況であったと思われる。

　ただ，白黒テレビ放送にせよ，カラーテレビ放送にせよ，それがいつ始まるかということは，かなり高い関心が示されていたことを記憶しており，受信機の普及の決め手は低価格とともにということであったと思われる。

その後，テレビ放送も進化を続けるのだが，やはり注目されたのは地デジ化のスタートであった。NHKと民放が三大広域圏で地上波デジタル放送を開始したのは2003年の12月であった。そのときの対応テレビの発売も，2003年10月のことであったため，ほぼ同時であるとはいいながらも，やはり受信機が先行して販売されることに変わりはないようである。

　地デジの場合には，アナログ停波が2011年7月24日と相応の移行期間があったものの，白黒放送からカラー放送に変わったときほどの認知度があったかどうかは疑問である。移行に8年の期間を費やしてなお，予定どおりにアナログ放送を停波できるのかが論点となっていたことから明らかなように，既存のテレビ受信機が使えなくなるという点では，放送が白黒からカラーに変わるときに比べると，より深刻に受け止められて然るべきであるとも思われるが，肝心の国民・視聴者にとっては，カラー化のほうがHD化よりも高い関心が示されたということもあるように思われる。

　そこで改めて，今の4Kテレビについて考えると，4K放送のチューナーを積んだ受信機で4K放送が視聴できるものの技術規格が決まるのに時間がかかった。

　ただし，4K放送の場合には，国民の認知度は非常に低い。4K放送は受信できない4Kテレビが相当の台数規模で売れているのも，そのせいであると考えると，広く知らしめるのには相当な時間を要しそうである。ただでさえ4K放送をビジネス的に成り立たせるのが難しいといわれていることからすると，今の認知度のままで時間が経過していくのは，放送局にとっても，受信機メーカーにとっても大きなリスクを負うことになりそうに思えてならない。

　放送サービスの高度化とそれを受ける器である受信機が，ほぼ歩

調を合わせてスタートを切ってきたという経緯からみても，これほど早く4Kテレビと銘打った受信機が市場に投入されたことも，それが本当に良い結果につながるかどうかは微妙な印象を受けざるを得ない。

　過去の事例にならって，本放送がスタートする予定の2016年になるまで，受信機の出荷を待つべきであったようにも思われてくる。4K放送が受けられない受信機も，それなりの台数規模で普及しているということになると，消費者の混乱を招くことも懸念される。

　そう考えると，NTTぷららが2014年10月から4KVODの商用化を予定していると発表し，実際にスタートさせたことには大きな意味をもったと思われる。すでに4Kテレビをもっている人たちからすると，4Kコンテンツを楽しむ機会が登場してくることになった。受信機だけが先行するにしても，そこに向けたサービスがなかなか始まらないと，放送サービスが行われるころには，すっかり熱が冷めてしまうことにもなりかねない。

　4Kサービスの認知度向上は欠かせないが，受信機の登場からの期間が長すぎては効果を期待しにくい。これを機に，VODサービスの利用が進むことも，有意義であると思われる。過去の事例も何らかの教訓となって然るべきであり，サービスの登場するタイミング次第で，マーケットのサイズは大きく変わると思われる。4KVODの商用化は，非常に重要な要素といえるはずである。

4Kコンテンツのビジネス性

　4Kコンテンツへの需要がどれくらいあるのかについても見方は分かれる。

　比較的4Kコンテンツの普及にネガティブな考え方を示す人たち

の論拠の大きなものとしては，基幹放送である地上波で放送されないことが挙げられる．未来永劫放送されないとは思わないが，2011年7月24日にアナログ放送を停波したばかりであり，今のMPEG2をベースとしたデジタルテレビが短期間に日本中に普及したところである．4Kや8Kを放送で送るためには，MPEG2より圧縮効率の高いHEVCが用いられることになっているが，今の地デジにその世界がもち込まれるのは，ずいぶんと先の話になることは間違いない．そのために，4K，8Kを送る伝送路としては，衛星放送，ケーブルテレビ，IPTVがメインに考えられている．

　しかし，地上波で放送されないものは普及しないという考え方は，そうでない事例を誰も示せていないだけに，あながち守旧派の発想であると切って捨てるわけにもいかない．スカパーの普及が踊り場を迎えて久しい理由も，地上波を再送信できないからだと指摘する声もある．やや極端な意見のようにも聞こえないではないが，多面的な真実としては捉えていると思われる．

　まして，デジタルテレビが三波共用機であることからすると，現状放送されているBS放送やCS放送についても，放送をやめて帯域を返上して，その跡地でなら4Kや8Kの展開も有り得るが，それをせずに4K，8Kに移行することは考えにくい．

　そう考えると，4Kコンテンツのビジネス性に疑義を抱く人の気もちも分からなくはない．ただ，そこの視点に足りないのは，今後のテレビ受信機の方向性は，4K，8Kといった画質の話だけで決まるわけではなく，いわゆるスマートテレビの機能が重視されるようになる点であろう．

　NHKのハイブリッドキャストも2013年9月2日から試運転といった形でスタートしたが，テレビ受信機でテレビ放送を見るだけ

でなく，関連するネットのコンテンツも楽しめるようにしようという方向性は世界的な流れである．そして，当面の数年間を対象に考えた場合には，スマートテレビのほうに強い関心を抱く人が多くなることは想像に難くない．もちろん，今までもテレビ放送を見ながら，ノートPCやスマートフォンを操作することによって関連情報を得ている人は多いと思われる．ただし，世の中にはそうそうアクティブな性格の人ばかりがいるわけではない．むしろ，一方で高齢化社会に向かっていることが指摘されている以上，その傾向はより顕著になっていくだろう．使い慣れたテレビで，より操作性の簡易なリモコンを使って関連情報を得ることができるのなら，そちらのほうが便利であり楽であると考える人が増えていってもおかしくない．

逆にいえば，スマートテレビも高機能性ばかりを追っていたのでは，受信機の価格を上げる効果は期待できるものの，高いテレビを買える人の多くは，資力の問題でなく，親しみにくいテレビになってしまったとの印象をもち，それこそあまり多くの販売台数が見込めなくなる．

スマートテレビは4K対応が当たり前

それほど使い方が難解なものを出荷しないようにすれば，テレビの買い替えは少しずつだが増加していくだろう．繰り返すようだが，確かにテレビの売上げはアナログ停波のタイミングがピークであったかもしれないが，地デジ自体は2003年から放送されていることもあり，2013年には10年目を迎えたところである．当然のことながら，買い替え需要も起こってくる．そのときに，必ずスマートテレビを選ぶという確証はないが，おそらくスマートテレビの大半が4K対

応になってくるであろうことから，その2つの要素が購買動機につながっていくのではなかろうか。4K単体，スマートテレビ単体でアピールしていこうとするのではなく，その合わせ技でアピールするべきである。

　そのときに4Kコンテンツがあまり無ければ，新しいテレビを買った人は，放送コンテンツとネットのコンテンツのシンクロを楽しむことになるのだろうが，何回かは試してみたものの飽きてしまい，元に戻って普通にテレビ放送を見るだけになってしまう人も多いと思う。BSデジタル放送や，その後の地デジについてもそうだが，四色ボタンを使って，番組に参加するとか，双方向機能を楽しむといった人は，最初のうちは多く見られたのだが，いつの間にか，それに飽きてしまった人が多いと思われる。スマートテレビにも明るい未来があることを願うのであれば，その二の舞になることは避けなければいけないが，どれだけ利便性を高めたところで，常に放送とネットのシンクロを楽しみながら視聴する人はいないと考えて，飽きられてしまうことのないよういろいろと工夫を凝らしていくことが大事だろう。

　そうなったときに改めて脚光を浴びるのが，4Kなのではなかろうか。4K対応のテレビで今の2Kの放送を見ると，2Kのテレビで見ているよりも少し綺麗に見えることは確かなようである。それだけでも何となく得をした感があるので，4Kのコンテンツも衛星かケーブルかIPTVかパッケージかはともかく，何らかの手段で提供されるようになっていれば，当然その画質の良さを試してみたくなるというのが人情である。

　10年前には，ハイビジョン，ハイビジョンというけれど，今までは普通にスタンダードな画質でテレビ放送を見ていて不満が無かっ

たのだから，別に高画質である必要はないという声も聞かれた。しかし，アナログ停波を機会として，これだけ2Kの放送が当たり前に見られる時代になってしまうと，たまに見る昔のスタンダードな画質はやや見にくく感じてしまう。「目が慣れる」とはそういうことである。2014年6月から，スカパーの124／128度衛星の放送もすべてHD化することが決まっており，それによる加入者減が心配されているが，それでもHD化に踏み切らざるを得ないのは，そうした視聴者の「目の慣れ」に対応せざるを得なくなっているからであろう。

　もともといわれてきたことは，肝心なのはコンテンツの中身であり，伝送路の問題ではないということである。そうだとすると，地上波でない手段で4Kコンテンツが豊富に提供されるようになれば，せっかくのテレビの魅力を生かすために，そちらも見てみようと思う人が増えても決しておかしくないのである。

　4Kコンテンツはビジネスにならないと早々に決めつけてしまうよりも，見ようと思ったときに見られるよう，どう視聴者宅に届けるかを研究し，あとは4Kの魅力をフルに生かした演出の妙を凝らすことに注力すべきだろう。

　技術の進化は速い。そうこういっているうちに，8Kコンテンツも提供されるようになる。ビジネスで成功するための鉄則として，後手，後手に回ることは，多くの場合，不利になるというものである。そうした覚悟をもって積極的に取り組んでいけば，4Kコンテンツは十分にビジネスになると思われる。

消費者から遠い「4K放送」

　業界関係者にとっては大いなる関心事となっている4K放送だが，

一般の生活者,つまり消費者からは,まだまだ縁遠い存在でもある。

4K放送,8K放送,スマートテレビ,ケーブルテレビのプラットフォームというのも,そのすべてが業界関係者の関心事であるかというと,実は個々には関心をもたれていても,直接的には関係ないと思われれば,耳にしたことがあるといった域を出ないものである。

本当は,そのどれもが関係し合っているからこそ課題として指摘されているのだが,学校の先生ならいざ知らず,日々の業務に追われていたら,とりあえずは仕事に関係しそうなことに耳を傾けるだけで精一杯であろう。

つまり,仕事として従事している人にとってすら,その程度のことでしかないのに,消費者が強い関心を示しているはずがないのである。しかしながら,4K放送も,それに関係する人たちからすれば,消費者が無関心のままでは困るといったことになる。商売にならないのなら,それはそれで良いのだが,商売になろうとなるまいと,それを始めなければいけない役割の人たちからすれば,取り組む以上はビジネスとして成立してほしいと考えて当然である。

実際問題として,クールジャパンであるとかコンテンツ立国と言っている手前もあり,少なくとも政府としては4Kコンテンツの制作が活性化することを望んでいるはずである。ハリウッドや韓国のように,コンテンツの海外番販に熱心なところは,すでに4Kでのコンテンツ制作に注力している。国内の需要も不可欠ではあるが,これまでも海外展開には苦心してきただけに,4Kコンテンツの制作に前向きに取り組んでほしいという政府の要望は理解できる。

とはいえ,いくら政府が望もうとも,政府がお金を出してくれるのならばともかく,そこは民業だからということで自立することを

求められる以上，まずはマーケットを成立させることが必要である。最初は小さな規模であれ，マーケットが成立さえすれば，それを拡大させていくための方策というのは，マーケットにかかわる消費者のニーズや不満を知ることによって，いろいろと対策も講じようがある。

しかし，肝心の消費者がまったく知らないに近い状況にあっては，それ相応のコストを投じて4K放送のための準備をするにも，力の入れようからして異なると思われるし，事業者にとっても予算の割き方が違ってきて当然であろう。

それは4K放送に限ったことではないが，ある意味で，「1対多」の典型である放送サービスについてのことであるため，「多」が存在しないように思えてしまうと，前向きに取り組みようがない事例の典型ともなってしまうわけである。

「4K」という単語自体には，消費者も量販店などで目にすることが多いと思われるので，決して馴染みが無いとはいえないように思う。4Kテレビと銘打った受信機自体は，2011年の暮れには販売が開始された。早いことが必ずしも良い結果につながるとはいえないが，2011年の7月にアナログ放送が停波され，それまでにテレビの買い替えも済まされたことからすれば，新たな需要を取り込むために，新たな付加価値を売り物にすることは正しいといえる。

しかし，2013年の夏場に，放送サービスの高度化のひとつの指針として4K放送，8K放送の実現が掲げられ，そのロードマップまで示された事実と比べてみると，量販店のテレビ売り場で「4K」という単語を目にする消費者の感覚とのズレは大きいまま何ひとつ変わっていく気配は見られないように思えてならない。

4Kテレビはなぜ売れる？

　2014年4月から消費税増税になるからということで，その前に高価な物を買ってしまおうという消費者ニーズに応えるべく，高級な家電製品のラインナップのひとつとして，4Kテレビも並べられた。ただ，どうして4Kと呼ばれるかについては特に深く意識されることなく，新たな高画質のテレビのことであろうという程度にしか受け止められていないと思われる。

　今のハイビジョン画質にそう大きな不満をもっている人は少ないと思うが，地デジが2003年から始まっていることからすると，その当時に高価なテレビを買った人が，ちょうど買い替える時期を迎えて，「消費税増税前」，「大画面」，「高画質」というキーワードに惹かれたことは不思議なことではない。

　今の放送が「2K」と呼ばれており，それとの対比で4Kという語が出てきていることも，むしろ知っているほうがマニアックなように思う。まして，4Kという高画質の放送サービスが2016年に開始することなど，知らないほうが自然である。実際には，今売られている4Kテレビでは，4K放送が受信できないという事情もあり，なまじその辺のことに通じていたら，今の4Kテレビまで買い控えられてもおかしくないだけに，まさに「知らぬが仏」というところであったように思う。

　さて，業界関係者にとっての関心事である「4K放送」のマーケットは，形成されつつあるといえるだろうか。少なくとも4K試験放送が2016年に始まるということを知らない人のほうが圧倒的である以上，消費税増税後のテレビの売れ行きには疑問がもたれて当然であろう。そして，何かの機会に4K放送がいずれ始まると知っ

た人は，それを受信できるテレビが売り出されるまで待とうと考えるであろうことから，やはり今すぐに，テレビを買おうとは思わないはずである。

　確かに，2Kの放送も4Kテレビで見ると，少し綺麗に見えるものもあるということなので，高画質の放送が視聴できることには間違いない。それでも消費税増税前の駆け込み需要を上回ることは考えにくい。

　そして，そのタイミングでテレビの買い替え需要が沈静化してしまうと，今度はマーケットの無いところに向けて放送サービスを送る側にとっても，何とも力の入れようがなくなる状況になっていくはずである。

　消費税増税前に高価なテレビを売ったメーカーが悪いとは決していえない。それ相応のメリットがあることは確かであり，毎年のように新型が登場する白物家電の世界からしたら，常に翌年にはより高機能なものが出てきて当然ということになるからだ。

　そう考えると，2014年，2015年というところで，消費者が4Kテレビを買ってくれるようにするにはどうしたら良いのかは，非常に難しいこととなってくるだろう。

　4Kとは一体，何のことなのかを，詳しいマニアックな知識でなく，その手前くらいのところまでは，少しずつでも周知していくようにしないと，4月以降のマーケットはフリーズしていくだけだろう。

　そうした状況で放送を始めるのも勇気が要ることである。当面のところのベストなソリューションは，4KコンテンツはVODで楽しむものだということで先行スタートさせるしかないように思う。VODのほうが認知度的には上回っていると思われるので，ゼロか

ら説明するよりは，消費者も聞く耳をもってくれそうである。

　放送が先にこなければいけない理由もないので，これを機にVODの認知度向上も果たせれば一挙両得といえるかもしれない。行き着くところは，4K，8Kの放送，スマートテレビ，ケーブルテレビのプラットフォームが相互に関連してくるのだが，それは結果的にそうなるように説明しなければ，消費者の理解は得られないと思うのである。

　業界関係者の方々も人任せにせず，めぐりめぐって，いずれ自分の仕事にも関係してくると考え，少しずつ，分かりやすい説明をする機会を増やすようにして，マーケットの維持，確保に向かうことが望まれる。

混乱する「スマートテレビとは？」

　次世代放送サービスのメニューとして，4K，8Kといった高画質の放送が挙げられるが，同じように注目されているのがスマートテレビによるサービスである。

　もっとも，「スマートテレビとは何か？」いう定義付けは非常に幅広く，そのせいで議論も混乱しているケースが多々見られる。おそらく，テレビ受信機とネットが接続されており，テレビ受信機上でネット系のコンテンツが楽しめれば，それはスマートテレビと呼ぶに値するというのが，最も広い意味での定義付けである。

　スマートテレビをめぐる議論のもうひとつの特徴は，相変わらずの黒船脅威論がまかり通っており，Hulu，Netflix，You Tubeなどがテレビ受信機で視聴できるようになると，皆がそれを見るだけで満足してしまうので，テレビ放送を見る人が激減してしまうといった声を聞くことが多々あるということだ。Huluジャパンが日テレ

に買収されたことの採り上げ方もさまざまであり，日本での独自の事業展開がうまくいかなかったという肝心の点は強調されないものが多かったように思う。

　一方，次世代スマートテレビの先鋒として，昨年秋からNHKがサービスインを行い，今年に入って民放もトライアルを始めたハイブリッドキャストであるが，こちらは認知度も今ひとつ上がらないこともあって，大きく普及していく勢いを発揮できずにいる。

　ハイブリッドキャスト対応受信機の出荷が始まって，そう時間が経っていないということで，対応受信機が普及していないことも勢いの出ない要因であり，民放がまだまだトライアルの段階なので，NHKだけではなかなか大変だという事情も見受けられる。

　しかしながら，ハイブリッドキャストが苦労している最大の要因は，テレビとネットが接続されているケースが非常に少ないからである。各種調査の結果を見ても，数字はほぼ共通しており，2013年秋の時点では，平均すると10～15％というところであった。

　ハイブリッドキャスト対応テレビを購入したにもかかわらず，テレビとネットをつないでいる人は多くて5割程度だろうといわれているくらいなので，この点を改善していくことが何よりも急務であることは明らかだ。

　それが実情であることからすると，ハイブリッドキャストに限らず広義のスマートテレビについてでも構わないのだが，結線率を高めない限り，何も始まらないということを再認識すべきだろう。

　黒船脅威論をあおる論者からすると，そうした論を展開すること自体が趣味なのであれば，それは勝手であるが，今の結線率の低さを見る限りでは，Huluだけでなく，NetflixもYou Tubeも，テレビ放送を駆逐するような存在とは程遠いということが明らかなはずで

ある。

　スマートテレビのサービスが広がっていくためには，黒船サービスを云々するよりも前に，この結線率をどう改善していくかを議論しなければいけないことを再確認すべきではなかろうか。

スマートテレビ最大の課題は結線率

　テレビとネットを直接つながずに，無線LAN環境を構築して，スマホと無線LANルーターでテレビとつなぐという作業も，慣れている人からすれば簡単だが，一般家庭の多くにとっては，まだまだハードルが高い作業のようである。

　黒船脅威論よりも前にすべきことは，そうしたテレビとネットをつなぐ作業をサポートする方向で，ビジネス展開を考えるということであり，そのほうが建設的であることは間違いない。スマートテレビを使える環境を提供していくところにビジネスチャンスがあるのであり，ユーザーがHuluを見るのか，ハイブリッドキャストを使うのかは，ユーザーの自由である。

　インフラの構築をサポートする事業者とコンテンツの提供を行う事業者は，それぞれの急務に取り組むべきであり，他人事について熱く語っていても意味がない。

　そうした点についての整理を終えて，次の段階として再確認が必要なことは，ハイブリッドキャストはもはやNHKのサービス名ではなくなっており，次世代スマートテレビのサービス名称となっていることである。

　つまり，テレビ受信機でネットのコンテンツを楽しむだけなら，スマホ，タブレット，PCでもできることを，わざわざテレビ受信機上で行うにすぎないが，ハイブリッドキャストの場合には，「次

世代」という冠が付くだけあって，テレビ放送と連携したサービスが展開されているということである。

特に，2013年の11月の電監審で，NHKに認められた特認事項（14年度末まで）を見ると，テレビ放送を見るに当たって，録画機等を一切使わずに，巻き戻しや頭出しができる「時差再生（Start Over，その後，「早戻し」に改名）」という機能も含まれている。

また，テレビ放送を見ていて気になったスポットなどの詳細情報を得るとか，スポーツの試合を見ながら，放送局が提供するのを待つことなく，自ら好きなときにハイライトシーンを再生することもできるようになっている。

そうしたサービスは放送局側の協力があってこそ実現するものであり，単純にコンテンツ配信の仕組みだけを変えているHuluやNetflixといったサービスとは，根本的なところで大きく異なっているわけである。

米国のケースが異なるのは，まず放送局が完全に弱体化してしまっており，スポーツのライブを除けば，コンテンツの提供能力も弱まってしまっている。国土が広いことから，電波の有効性自体が，日本とはまったく異なることも忘れてはいけないだろう。

そうした環境にあることから，ネット接続テレビの主力サービスとして，HuluやNetflixがあるのであり，それらによってコンテンツの多様性が担保されているという事情がある。そのため，画質についても大きなこだわりがないせいか，ハイビジョン・クオリティであることがマストとして求められていないのである。

日本では，特にテレビを好んで見る年代の人たちには，ハイビジョン・クオリティは当たり前のこととなっており，たとえネット経由で得られる情報についても，限りなく高画質であることが望ま

しいと考えられている。ハイブリッドキャストの原点は，そこにあるわけで，テレビ放送を起点としていることが最大の売り物になっている。

ヨーロッパの国々も，方向性としては似たようなところがあるが，米国についてはまったく異なっているということだ。

米国では，大手ケーブルテレビ事業者と大手通信事業者の戦いのほうが注目されがちで，とかくインフラ同士の争いという体をなしていることが多く，そのせいでコンテンツを少し便利に提供する事業者が現れてくると，あまり競争にならずに規模の拡大が図れるようである。もちろん，その規模が一定水準を超えてくると，インフラ系の事業者にとって買収ターゲットになっていく。

お国柄の違いと，求められるサービスの違いを十分に認識したうえで，日本ではインフラ系の事業者にとって，ハイブリッドキャストを自ら提供し得るコンテンツにも反映させていこうと考えるほうが重要であり，何よりも急がれることに注目すべきときであるのではなかろうか。

まして，肝心の結線率も2014年の秋には，28％まで上昇した。1年で倍増してくる性格のものであることも踏まえておくべきだろう。

ケーブルテレビ・プラットフォームが議論される理由

2014年の8月に一度取りまとめが行われたが「放送サービスの高度化に関する検討会」での議論で，最も注目を集めたのは，2013年5月末に出た「中間報告」の内容だったと思われる。

それまでは，4K放送，8K放送といったスーパーハイビジョン放送についても，参加する事業者からの積極性は見られなかった。しかし，中間報告では，そのロードマップも示され，それを受けて

次世代放送推進フォーラムも立ち上がった。

　中間報告における３つの柱は「スーパーハイビジョン放送」，「スマートテレビ」，「ケーブルテレビのプラットフォーム」について挙げられたが，最初の２項目が次世代放送サービスである。ケーブルテレビのプラットフォームについての議論は，肝心の当事者であるケーブルテレビ業界を別とすれば，あまり注目もされず，議論も巻き起こさず，どうして掲げられたかも分からないといった声の方が多かったように思う。

　2015年の６月に出る予定の最終報告書における記載のされ方についても，あまり気にされていないのが現実ではなかろうか。

　それは論点としての重要性が低いからでは決して無く，どちらかというと，ケーブルテレビのプラットフォームという言葉についてのイメージが湧きにくいからであると思われる。どうしてケーブルテレビ業界にプラットフォームが必要なのかが分からないし，そのプラットフォームがどういう役割を担うのかも分からないということであると思われる。

　そのため，放送業界，通信業界の主な関心事は，４K放送の伝送路についてとか，ハイブリッドキャストを中核とするスマートテレビの推進に集中している。

　しかしながら，忘れてならないことは，わが国の５割以上の世帯が，地上波放送をケーブルテレビ経由で視聴しているという事実である。なおかつ，ケーブルテレビのユーザー宅の半数以上が双方向のサービスに対応していないという問題もある。

　そのため，スーパーハイビジョンについての検討やスマートテレビについての検討を進めて，サービスの提供主体や具体的なビジネスモデルを決めていく段階になって，初めて，今のケーブルテレビ

業界の事業モデルのままでは，簡単には実現しそうもないことが問題視されてくることになる。

そこが明確になっていないということは，スーパーハイビジョンについての検討も，スマートテレビについての検討も，まだまだ課題を多く残したままであり，その解決策を模索している段階にあるからだと考えるべきだろう。

そうした課題を解決して，具体的な展開を始めようとしたときに，ケーブルテレビ業界の状況が今のままでは，最初から7割程度の世帯を対象にして市場開拓を進めざるを得ないことが問題視されてくるはずである。

そうなってからでは遅いことが明らかなため，ケーブルテレビのプラットフォームについての議論が同時並行的に進められているのだと考えると，「何のために？」という疑問は解消されるのだと思われる。

ケーブルテレビにとっての好機と危機

もちろん大手通信事業者は，これを好機と捉えて，ユーザーを取り込み，囲い込んでいく戦略を採ると思うが，全国のケーブルテレビ事業者がカバーしているエリアのすべてにまで進出していくことは考えにくい。

よりビジネス化が速そうに思えるところがターゲットになると思うが，そこではケーブルテレビ事業者も応戦できるだけの体力のあるところがサービス提供をしているはずである。最初の主戦場がそこになることは間違いなく，そこではプラットフォーム化がなくても競合していけるに違いない。

ただし，スーパーハイビジョンやスマートテレビはそうした都市

圏でのみ普及すればよいというものでもないため，大手通信事業者がしばらくは侵攻してこないであろうと思われても，それとは関係なく，そうしたエリアに暮らす人たちも次世代放送サービスを享受できるようにする必要がある。

そのためにプラットフォームが検討されていると考えれば，3本の柱のひとつとして据えられている意味も明らかになってくるに違いない。

今のところ，プラットフォームとして機能していくべき準備をしているのはJDS（日本デジタル配信）とJ：COMの協調体制と，ジャパンケーブルキャスト，J.COTT，アクトビラの協調体制である。もちろん，第3，第4の事業者が名乗りを挙げることが妨げられることはない。

全国のケーブルテレビ局向けに多チャンネル放送の配信を行っている事業者が中心となっているが，プラットフォーム化の狙いからすれば，すでに行われているサービスに重点が置かれているわけではない。ただ，全国のケーブルテレビ事業者とのつながりを実績としてもっていることから，上記の両陣営が相応しいと考えられるにいたったと思われる。

スーパーハイビジョンやスマートテレビの普及がキーとなってくるため，ケーブルテレビ局のIPTV事業に資することがプラットフォームの役割となるわけである。

個々のケーブルテレビ事業者が単体で取り組むには投資コストが大きくなり過ぎてしまい，結果としてなかなか次世代放送サービスの提供にいたらないことが明らかなため，プラットフォーム事業者がそうした投資リスクを負っていくことで，全体のサービスレベルの向上を実現させることが期待されている。

IP-VODもひとつのソリューションであるが，それだけにとどまることなく，全国のケーブルテレビ事業者が幅広い事業分野でIPTVサービスを提供していくことを実現できるようにするということだ。

　スマートテレビの中核となるであろうハイブリッドキャストも，今のところ，対応テレビを購入しないと利用できないが，ケーブルテレビ側がSTBをリニューアルすることで，ユーザーはテレビを買い替えなくてもサービスを享受できるようになる。そうしたことへの期待も大きい。

　各ケーブルテレビ事業者からすると，顧客宅のSTBを交換していくのは大変だと思えるかもしれないが，ARPUを上げる効果は非常に大きいはずである。逆に，多チャンネル放送の加入世帯が減少し続ける中で，ARPUを上げるチャンスはそう多くあるとは思えない。

　今までは高齢者宅にインターネットサービスを売ろうとしても受け入れられないといった経験をしてきたと思われるが，パソコンを使うかどうかでなく，今後は高齢者のテレビの楽しみ方を広げる効果もあるため，これまでとは違ったビジネスチャンスも生まれてくるはずである。

　まして，無線LAN環境の構築といった作業は，高齢者宅に限らず，一般家庭でも意外とハードルが高いようである。STBを設置するために顧客宅に入れる強みもあることからすれば，無線LAN環境の構築をサポートしていくことでも，結果として，ARPUの向上につながるはずである。

　ケーブルテレビのプラットフォームとはそういった観点からサポートしていく仕組みであり，最終的にはスーパーハイビジョンやスマートテレビの普及のための鍵を握っている事業であるといえよ

う。そうした理解を深めていくことも，放送サービスの高度化に当たって，ケーブルテレビ事業者に期待される役割の大きさも理解されやすくなるのではなかろうか。あまり難しい技術用語を並べたてるよりも，そうした分かりやすい説明をしていくことが何より重要なことであると思われる。

第2章

4K放送，8K放送の期待と不安

4K放送，8K放送はいつ，どこで始まるのか

　せっかく高い4Kテレビを買ったのに，実は見るものが無いということでは，あまりに残念であるため，2013年6月に取りまとめられた「放送サービスの高度化に関する検討会」の中間答申を受けて，4K，8Kの高精細度放送，次世代スマートテレビ，ケーブルテレビのプラットフォームの3点について，それらを実現すべくロードマップが示された。関係者が本気になって取り組み始めたのも，この答申を受けてのことだといわれている。

　その中で，次世代放送サービスと位置付けられているのが，4K放送，8K放送，スマートテレビである。4K放送についても，「伝送路」，「時間軸」，「導入主体」を踏まえたロードマップが策定されたかのように書かれている。しかしながら，「時間軸」や「導入主体」はともかくとして，伝送路については複数の選択肢を提示しただけにとどまっており，具体的に，いつから，どの伝送路を使うのかということは明らかになっていない。つまり，放送が行われるなら，地上波放送でも行われるのか，それとも衛星放送なのか，衛星放送もいくつかの種類に分かれるが，そのどこを使って放送しろというのかと，関係者からの疑問が投げかけられることになった。

　「本当は，地デジが終わったばかりで，こんな4K，8Kなんか視聴者に求められているのか？」という疑念もあるに違いない。4K放送ですら，そういう状況であったため，8K放送については「そんなことは4K放送が決まってからの話だ！」と決めつける人が大勢いても無理からぬことであった。

　確かに，4Kや8Kの放送を行うために，エンコード（情報を圧縮して伝送）やデコード（受信機側で解凍）の技術を早期に確立し，

■ モアチャンネルを前提に

4K放送に対して非常にネガティブに考える人がいる理由
→ 画質を良くしたところで，広告収入が上がるわけではない

→ 4K放送に取り組んでいく上では，特に初期段階でかなりの投資が必要になるため，広告収入が上がらないのに，そうした投資を積極的に行う必要があるのかという疑問

しかし…
地上放送やBS放送のデジタル化の時のように，全ての放送が今の2Kのハイビジョン放送になったのとは違い，4K放送は間違いなくモアチャンネルとなる

↓

視聴者保護の原則が最優先
⇒地上放送やBS放送は，今の放送方式が変わることにはならず，2Kのまま

↓

今の放送はそのまま変わらずに行われていく以上，4K放送についての投資とリターンを考える上では，全くのモアチャンネルであることを前提に考えないと，脱線した議論に終始しかねない

モアチャンネルといっても，各局がそれぞれ追加で1チャンネルをもつようになるとは限らない
→ 各局が相乗りする形で1チャンネルを形成することになるのか，局によって単独で1チャンネルをもつことになるのか，そうしたことは，どれだけの量のコンテンツを用意できるかによっても異なる

→ まさに各局のトップの経営判断次第で決まることになる

なるべく受信機にチップとして埋め込んでしまう方向を目指して開発されていることは正しいと思う。しかしながら，4Kにしろ，8Kにしろ，個々のコンテンツを制作し，それをオンデマンド形式で

衛星かランドラインか

- 4Kや8Kに対応したテレビ受信機の低価格化が進みにくいとすると，比較的，所得水準の高い富裕層が楽しむことになりそうである
  - 有料チャンネルでも，そのくらいの負担が気にされることはない

- 視聴可能世帯数が限られる以上，有料であるが故に視聴世帯が増えないということにはなりそうもない
  → 広告無料放送だから有利だということにはならない

- NHKのビジネスモデルについては，なるべく早い段階から十分に検討されるべき

- NHKの経営形態全般に渡って見直しを図ろうとすると，相応の時間を要するが，そこで時間を費やしてしまうと，肝心のマーケットの成長にブレーキがかかったままということになりかねない

- 伝送手段についての議論も…
  - 衛星放送のみと考える必要はなく，帯域の問題をも考えれば，ケーブルテレビやIPTVを通じて提供されるケースも念頭に入れた方が現実的

- ストリーミングの放送チャンネルが増えることは期待しにくいが，その分だけオンデマンドでの視聴にも馴染みやすいと思われるので，ランドラインによる提供は十分に現実的

- 全国の世帯が視聴可能でないとすれば，全国一波の衛星よりも，ランドラインの方が向いている気もするが，それだけのためにケーブルテレビやIPTVに加入する世帯の増加がどれくらいあるかも要検討

次世代放送の分野で世界標準を目指そうということであるのならば，このような議論はなるべく早い段階から行っていくべきである

提供するところまでは着実に進むと思われるが，放送サービスとして継続的にコンテンツ提供をしていく主体となるのは，NHKや地上波民放を始めとする実力と体力のある事業者だけしかないと思わ

れる。

　ケーブルテレビやIPTVによる伝送も可能だが，主体となる放送事業者が自らハンドリングできる伝送路とはいえない。そういう意味では，衛星放送しか可能性は無いに等しいのだが，どの衛星のどの部分を使うのかといったことが決まらないままでは，放送事業者もビジネスモデルを決めようがなく，結果として，いつまで経っても，実験の域を超えた実現の姿が見えないままにならざるを得ないように思われる。

　簡単にいえば，圧縮技術の成果が実ったとして，どの衛星のどの帯域を使い，4Kだけで3チャンネルか4チャンネル分しか確保できないと決まったとする。そこで，その3なり4なりのチャンネルを，どこがどういう形態で運営していくのかという議論になるわけである。実際には，東京オリンピックに間に合わせるために，「とりあえず2016年まで」という共通理解で，2014年8月29日に答申が出たのだが，残された時間との関係で，2016年までと決めたにすぎず，「議論の続きは今後も」ということになっただけだろうと思われる。

ビジネスモデルにも関係

　どういったビジネスモデルで4K放送サービスを運営していくかだが，「オールジャパン」で取り組むという以上，4K放送も1チャンネルだけというわけにはいかないだろう。ましてビジネスモデルを描こうすれば，NHKと民放ではまったく異なっているだけに，ここで呉越同舟してしまうことにより，NHKが広告モデルに触れることだけは，民放としては絶対にあってはならないことであった。

　それでは，NHKと民放で分けるとして，民放はそれぞれ1チャ

ンネルずつもつのか，それとも相乗りでチャンネルを提供するのかといった話になるのであろうか．相乗りという用語を繰り返しているのは，今の放送に加えて，プラスアルファで4Kコンテンツをどれだけ供給できるのかといった事情によるものである．

　また，民放の場合であれば，有料放送と広告放送という選択肢がある．テレビ広告市場のパイが右肩上がりで増えていくことが期待できなくなった以上，さらに広告放送のチャンネルを増やすことは考えにくいように思われた．NHKには広告放送は有り得ないと思うが，それでもNHKオンデマンドと同様に，受信料と別会計の有料放送に落ち着けるのが精一杯であり，放送技術を先導していくという役割が法で定められていることから，受信料収入の範囲内で対応することも十分に考えられる．

　ただ，ビジネスモデルをどうするかという問題は，新たにお金を払ってもらえるだけのチャンネルにできるかということで決まる．最初のうちは，4Kのコンテンツだけで1年365日を乗り切るのが難しいと判断され，既存のBS放送と同じような番組編成としながらも，そのうちのいくつかは4Kで視聴できるようにするという形にせざるを得ないかもしれない．そういう形になるのなら，無料広告放送になってもおかしくはない．

　2016年の試験放送が決まったことで，少しは展望も開けそうなものだが，その2年後の本放送を行う際に，どれだけの4K放送チャンネルが出てくるかが大きい．それが決まらなければ，ビジネスモデルも決めようがない．

　また，NHKはあくまでも8K放送を行うことを明言している．2016年の試験放送時には，時分割で，4K放送を3チャンネル流すこともあれば，8K放送を1チャンネル流すこともあるという形で

ある。試験放送だからできる形態であるともいえるのであって，放送の試験にはなるかもしれないが，ビジネスモデルを検討する材料とはなり得ない。

仮に，コンテンツの供給能力は別として実現後の姿を考えると，そもそも何チャンネル分の帯域が確保し得るのかということが問われてくる。どの衛星のどの帯域を使うかといったことがまったく決まらないままでは，チャンネル数も明らかにならず，結果として，その主体となる事業者数もビジネスモデルも決まらないままだということになってしまうのである。実際には，そこにコンテンツの供給能力を加味しないことには何の解決にもならないのだが，どちらが先に決まらねばならないかと考えた場合には，伝送路を確たる形で提示されることが最優先であり大前提であるということになる。

当然のことながら，受信機がどれだけ普及していくのかという視点も欠かせない。2014年の段階では，8Kテレビを作るというメーカーはどこも名乗りをあげていない。それが出てこない限りは，2016年の試験放送にも影響してしまう。

4K放送，8K放送をどこで行うのかといったこと，誰が行うのかといったことを，いつまでも先送りしているわけにはいかない状況に，すでになっているということを実感しながらも，誰も猫の首に鈴をつけようといいださないまま，ロードマップだけが前倒しにされているという感が否めない。

地上波を使った8K伝送実験の意義

NHKが2014年1月20日に行った8K放送の地上波伝送の実験だが，長距離伝送に成功しただけでなく，電波の有効活用という視点が欠かせないことを物語っているように思われる。

電波の有効活用ということは，地デジ化の根拠となった考え方でもあるが，放送や通信の利用に資するための希少な資源であることは確かなので，常に重要視して然るべきである。

　かつて，コグニティブ無線について，どう活用すべきかという議論があった。コグニティブ無線とは簡単にいってしまうと，その地域で空いている周波数があれば使ってしまうというもので，そうして移動しながら電波を使っていき，地域が変わると，そこにはまた空いている周波数があるのでそれを使うという形で，移動しながら空いている周波数を使っていくというものである。電波の有効活用という見地からすれば，究極の方法であるともいえるものである（関心のある方は，きちんと調べていただくと，もっと立派な発想だと思われるかもしれません）。

　ただ，ホワイトスペースという概念の捉え方にもよるが，最初から混信を起こしかねない強さの電波を勝手に発信すると電波法違反に問われるが，少しでも空いていたら何かに使ってしまおうというのも，乱暴な話であることは間違いない。なまじ地域ごとに使っていない隙間のような周波数帯が存在するだけに，微弱であればいいだろうと考えられかねない。しかしながら，誰がどこでどれだけの電波を発信するのかが分からないと，放送事業者としては混信回避の設計ができなくなってしまう。

　その点で放送事業者はコンサバであるといわれがちだが，放送波と電波干渉しては困るのだから，それは当然の主張ともいえる。

　そうであれば，少しでも空いている周波数帯があれば，それを使って次世代放送の伝送実験を行うほうが，どこで誰が電波を発信しているのか分かるという意味合いでも，地元の放送事業者にとっては，よく分からない使い方をされるよりはいいだろうと思われる

のである。

　地上波で8K放送が送れるのかという疑問については実証してみせたことで明らかではあるが，電波の特性をうまく使ったという一面も無視できない。

　それと関連のある話でいえば，衛星放送にも狭帯域と広帯域があるという事情が参考になる。総務省により書かれたものによると，今の124度／128度衛星の放送は狭帯域放送であり，BS放送や110度CS放送は広帯域放送と位置付けられている。

　SD放送のチャンネル数でいうと，ひとつのトラポンで，広帯域放送ならば6チャンネルが確保できるが，狭帯域放送では頑張って5チャンネルが取れるといった違いになる。

　とはいえ，今後の4K放送，8K放送を実現していくうえで余った帯域がなかなか見出せないという中にあっては，124度／128度衛星のトラポンも非常に魅力的である。仮に，狭帯域であるとするならば，2つのトラポンを使って，1チャンネルを送れるかどうかが注目されることになる。

　結論としては，それは可能なようである。まだ圧縮技術としてHEVCが使えないときに，8Kの衛星伝送の実験が行われた経緯にある。ただ，電波が異なるので，それが降ってきたときに，受ける側で，どうタイミングを合わせて一緒にするかという仕掛けは必要になる。

　さらにいえば，トラポンを2個使うことによるコストや，受信機が2つのチューナーを積まねばならないというコスト負担の問題もある。それだけに，どれだけの現実味があるかの議論は欠かせないものの，技術的には可能であることは示されている。

　電波の有効活用については，それを実現するためのコストも考え

ないといけないわけだが，それが地上波のような世界の問題に関係してくると，変に空き帯域を残しておくのもいかがなものかということになってもおかしくはない。

放送電波の性格は

　熊本県の人吉盆地で行われた実験では，東京のようなビル群が無いという立地もあるが，クロス八木と呼ばれるアンテナが使われた。

　普通のテレビ放送で使われる八木アンテナは魚の骨のような形をしているが，あの水平の骨と垂直の骨を両方立てると，クロスの形になることから，そう呼ばれている。

　つまり，地上波の電波として使われるのは，水平の波と垂直の波と分けられており，その直交関係が判別されることから，水平のアンテナでは理屈上は垂直の電波は受信できないことになっている。

　それを両方とも使うようにすることで，周波数帯域を2倍に活用することになるため，衛星放送について述べた際の2つのトラポンを使ったのと同じ形になるわけである。

　熊本県の人吉盆地の場合には，見通しも良いことから，何ワットの電波を，どういったアンテナに出すかという回線設計をして，27キロも離れた熊本県球磨郡湯前町の農村環境改善センターまで送り届けることに成功したという次第である。

　地上波の水平の波と垂直の波を使って，実質的には6メガしかない地デジのチャンネルを2倍使ったような環境が作られ，理論値で設計したとおりの長距離伝送を実現したということだ。

　何かと話題になる110度CSの右偏波と左偏波だが，あれは円の右回りと左回りのことを指しており，直交というのだが，右と左は識別できるので，帯域を2倍に使っているのと同じことになっている。

CS放送では直線偏波を使っており，124度／128度の場合には，垂直偏波と水平偏波になっている。一番分かりやすいのは，衛星放送を受けるためのパラボラアンテナを設置する際である。

　BS放送を受けるためのアンテナは，円偏波であることから，方向さえ合わせれば受信することができる。124度／128度衛星放送の場合には，水平と垂直が使われていることから，方向を合わせるだけでなく，水平に受けられるようにアンテナを斜めに傾ける必要がある。

　電波の場合には，そうした特性に合わせて放送利用されていることもあり，その有効活用の仕方もいろいろと応用が効くということである。

　単純に，地上波を使った8K放送という言葉だけを聞くと，地デジ化のような大作業を再び繰り返すのかと警戒されがちだが，あくまでも可能性を示したものであり，変に空き帯域から空き帯域へと隙間を見つけてはコグニティブ的に使われかねないだけに，放送用の周波数を有効活用しようと考えれば，8K放送を伝送することも可能なのだということを示した意義は大きいと思われる。

　電波の有効活用は非常に重要なことである。だが，安易にホワイトスペースが散在していると勘違いされないようにすることも，次の世代の有効活用の余地を残しておくためには必要なのではなかろうか。

4K放送の中核はBS

　2013年の「放送サービスの高度化に関する検討会」の答申を受け，4K，8K放送のロードマップについて，それを早めることを主眼とした報告が2014年8月29日に発表されたが，その結果を見ても明

らかなように，4K，8K放送はBS放送を中核として行われることになる。

2015年3月には，スカパーがいち早く4Kの本放送を始めることになったが，基本的には受信機に124／128度CS放送のチューナーを搭載させることにより，今の三波共用機に一波を加えた四波共用の4Kテレビが市場に投入されると，普及を早める効果も強まるに違いない。

ただし，受信機の仕様を決めるのは受信機メーカーの判断であり，それを強要することはできない。仮に今の量販店で売られている4Kテレビで，STB経由の4K放送が視聴されることが主流となるのであれば，8月29日の報告書から窺えるように，4K，8K放送の中核は，BS放送が担うことになりそうである。

その根拠として明瞭に書かれているのが，2015年3月末を期限として，地上アナログ放送からデジタル放送への移行をサポートすべく行われているBS放送によるセーフティーネットを予定どおりに終了させ，その跡地の使い方として，2016年から4K放送と8K放送を時分割としながら，試験放送を行うという記述だ。

しかしながら，2011年7月24日をもって，地上アナログ放送を停波し，MPEGベースの地デジ化を達成したばかりであり，地上波，BS放送，110度CS放送は，すべてMPEGベースで受けるということで，その三波を1台のテレビで受信できるようにした。

4K，8Kといった放送は，その情報量の多さを，より圧縮度を高めることにより送られることになるが，すでにMPEGで圧縮される放送が主たる周波数帯域を使っていることから，4K放送や8K放送は，視聴者保護の見地から，それらに干渉しないように送られる必要がある。

最も普及している地上波放送には，これ以上，新たな放送を追加して行うだけの帯域は残されていない。そのため，地上波の次に普及しているBS放送を通じて，4K，8Kの放送を行うことにしたと考えられる。

　とはいえ，BS放送を行うにしても，そう帯域に余裕があるわけではない。その中で，唯一の空きができるのがセーフティーネットの跡地であるだけに，そこで4K放送，8K放送の時分割による試験放送が行われるということから，4K放送の中核はBSから発せられると考えてよいだろう。

　さらに，伝送路についての記述の中には，BSについて「帯域整理」という語が含まれている。その解釈をすると，NHK，民放キー局系のBS放送は24スロットを使って行われているが，その後に有料の専門チャンネルに免許された帯域が16スロットであることから，既存BSの2K放送には，16スロットあれば十分で，8スロットずつ返上されれば，8スロット×6チャンネルで48スロット，すなわち1トラポン分の空きができるということが想定されていると思われる。

　今の制度では，一度免許した帯域を国が勝手に召し上げることはできないため，あくまでも既存のチャンネルから自発的に8スロットが返上されない限り，その構想は成り立たないことになっている。

　おそらく8スロットを返上してもらう代わりに，新たに16スロットを免許して，そこで4K放送を展開してもらうというのが「帯域整理」という語の意味するところであると考えられる。

　セーフティーネットの跡地の48スロットと，帯域整理により空けられる48スロットを使えば，4K放送ならば6チャンネルを確保できるので，返上してもらう見返り自体は確保できることになる。

8K放送に寄せられた是々非々の声

 しかしながら、セーフティーネットの跡地のほうで、時分割で8K放送も行われることになると、まるまる4K放送を行えるチャンネルを6つそろえることはできなくなる。8スロットを返上すれば、その分のトラポン代が節約できることは確かだが、既存の放送がようやく軌道に乗ってきたタイミングでもあるだけに、4K放送用の帯域が見返りとして免許されないのであれば、8スロットを返上する事業者は出てこない可能性が高い。

 国の思惑として、4K、8Kの放送の中核はBSから放送されるようにしたいという狙いがあることは分かるが、8K放送までセットで行うとなると、またもや帯域が足りないということになってしまう。

 そう考えていくと、2015年の3月には4Kの本放送をスカパーが開始することから明らかなように、124／128度CSの帯域も合わせて活用すべきではないかと思われる。ただ、その場合には、三波共用機の登場により、BS放送、110度CS放送の普及に弾みがついた経験値から、124／128衛星放送も受けられる四波共用機の登場が必要になるはずである。

 今のBS放送や110度CS放送では、右旋しか使われていないため、左旋のほうは空いているのだが、アンテナからテレビへとつないでいるケーブルの周波数が、電子レンジ、WiFi、4Gモバイルの周波数と干渉してしまいかねないため、今の技術水準では右か左のどちらかしか受けられないのが実情である。

 すでに多くの放送サービスが両衛星の右旋で行われていることからすると、それらをすべて捨てて、左旋のほうの放送を受けようと

いう視聴者が多くいるとは考えにくい。つまり，現実論からすれば，両衛星の左旋は帯域こそ余裕があるものの，そこで放送しようという事業者が出てくることは考えにくい。

そう割り切って考えれば，左旋の議論を深掘りしていくよりも，124／128度CSの帯域を，BS放送や110度CS放送と同じレベルで，視聴者を集められるような受信機の登場に期待するほうが，前向きの議論を進めやすいように思われる。

もちろん衛星の位置が異なるため，アンテナが2つ必要になってしまうといった問題も出てくることもあり，BSと124／128度CSの両衛星で放送を行うと決めたとしても，BSの方で免許されたいと希望する事業者のほうが多くなってしまうことは避けられない。

そう考えてくれば当然の帰結として，8K放送をBSで行うことの是非も論点となってくる。4K放送の方は海外諸国でも実施されるが，8K放送を計画しているのは日本だけである。受信機メーカーは世界市場をターゲットとして生産ラインを構築するわけだが，8K放送の受信機は日本市場しか想定できないことになる。

また，4K放送の受信機も基本的には大画面であることが望ましいわけだが，8K放送の受信機となると，さらなる大画面であることが理想とされる。日本の家屋事情を考えると，どれだけ薄型にしたところで，家庭に置く受信機の大きさにも限界があるだろう。

そうなると，日本市場の中でも限られた需要しか見込めないことになるため，いよいよ受信機メーカーとしては辛い立場になっていく。どれだけ新型の受信機を出荷しても，瞬く間に低価格化が進んでしまうのは，それだけの普及があってのことである。限られた需要しかなければ，低価格化も進まないと考えれば，8Kの受信機の普及についても真剣に再検討すべきである。

コンテンツ立国を目指していく中で，8K放送はNHKが長年の研究を重ねてきた成果でもあり，それをわが国の強みとして打ち出していくことは必要であり，それを投げ出してしまうことが正しいとは思えない。

　そう考えれば，8Kの試験放送を124／128度CS放送の方で行うという選択肢もあったのではないかと思われるし，そうすることによって4K放送の中核をBSとすることも実現しやすかったのではないかと思われる。

　2016年というのは，あくまでも試験放送が早まっただけであり，2018年の本放送については今後の議論の余地が残されている。もっとも試験放送をBSで行って，本放送は124／128度CSで行うというわけにもいかないと考えると，BSの帯域整理も机上の計画どおりには進まない可能性が大きくなる。

　ロードマップを早めることは正しいと思うが，肝心の放送事業者が出そろうのかどうかが勘案されていたのだろうかという疑問も残してしまったように思えてならない。

　解き方が不明な方程式を示しただけではないかとの指摘も，あながち間違いであるとは決めつけられないのではなかろうか。

4Kコンテンツへの期待

　一方で，政府の進める「放送サービスの高度化」の中では，4K，8Kといった高画質の放送，スマートテレビ，ケーブルテレビのプラットフォームを柱として掲げ，着々と進めているが，やはり一番の課題は，放送用の周波数を確保しにくい4Kや8Kの放送がどういったロードマップで進められていくのかが注目されている。

　2020年の東京オリンピック開催に向けて，4Kや8Kの放送を視

聴者が見たいと思ったときに普通に見える環境を構築するのが急務であるとして，ロードマップの前倒し案も8月末に打ち出された．

しかしながら，どういったコンテンツならば4Kで作ると効果的になるのかといった題材から悩んでいる最中であり，制作コストも慎重に投じられている状況にあるのと，制作コスト自体が今の2Kのコンテンツより高くなるため，どうしても次々と新作が作られていくといった環境にはない．

つまり365日24時間，4Kコンテンツを流していけるのならともかく，既存のBS放送と番組のラインナップは同じようにしておき，4Kテレビをもっている人は4K放送を視聴し，そうでない人は既存のBS放送をそのまま見るといった形しか取れないため，4K放送を有料放送として行うことは難しいと判断されるからだと思われる．

テレビ広告費市場がこれ以上膨らんでいくことが望みにくい中にあって，さらに広告モデルのチャンネルを増やすことは，何とも先行きを不安にすることは確かだが，コンテンツをどれだけ用意できるかが，どうしても大きなネックとなる．

一度広告モデルの無料放送を始めてしまうと，途中から有料に切り替えることは，その逆の場合であるなら別だが，事実上は不可能に近いと思われる．もちろん，編成をガラリと変えて，すべての番組が4Kで放送されるようになれば，何らかのタイミングで有料化ということも有り得ないわけではないが，今から諦めてしまうこともないとはいえ，難しいことに変わりはなさそうである．

8K放送については，本当に家庭のテレビ向けに発信できるかどうかという問題もあり，どうなるかは確信がもてない状況にあるが，4K放送のほうは世界の潮流を見ても，その方向に動いていく気配が濃厚なので，日本の放送局各社もそれを前提として取り組んで行

くことになる。

　いつまで4Kコンテンツの制作に，政府からの補助金が出るかは不明であるだけに，なるべく早く制作費の回収に努めたいところだろうと思われる中，ひかりTVがこの10月から4KのVODの商用サービスを開始することを予定していることは，コンテンツ制作を行う立場からすれば，非常に朗報であるといえるだろう。

「ゴジラ4Kプロジェクト」の意義

　ここまで心配材料のようなことばかり書いてきたが，4Kの特性を生かすことにより，コンテンツを改めて楽しめる材料に事欠かない可能性も秘めている。

　日本映画衛星放送（日映）は，これまでも他の専門チャンネルとは比べものにならないだけのオリジナルコンテンツを制作してきた。特に，「時代劇専門チャンネル」のほうでは，時代劇の制作本数が激減したことで，時代劇の制作に欠かせない専門職の人たちが離れていくのを防ぐことも目的として，本格的な長編時代劇の新作を定期的に制作してきた経緯にある。

　これまでも他のチャンネルには到底できないことを乗り越えながら進んできたのだが，「ゴジラ4Kプロジェクト」まで遂行するというのは，本当にチャレンジャブルな会社の心意気が感じられてならない。

　ゴジラであれば，4Kの独特の臨場感も大いに生かされるであろうし，他の専門チャンネルからも参考にされることによって，専門チャンネルの立ち位置の向上にもつながるに違いない。こうしたところからも4Kコンテンツが出てくるのだと思えば，ビジネスモデルの有料化も決して夢幻ではないことを実感させられるというもの

■ ゴジラ4Kプロジェクトにかかる作業

4Kスキャニング

フィルムを倉庫から出し，4Kスキャニングが可能かどうかを確認し，必要に応じてクリーニングや補強を
→貴重なオリジナルネガフィルムを1コマ1コマ丁寧にデータ化する作業

フィルムがもつ膨大な情報を1コマずつ4Kでスキャンするという大作業を実施

レストア工程

4Kスキャニング後のデジタルデータに対して，レストア工程と言われる作業が施される

フィルムの傷，汚れ，ゴミ，フィルムのつなぎ目の痕跡，退色痕などを，1コマずつ修復していく作業であり，これも大作業となる

グレーティング

レストア工程の次に行われる，4Kリマスター版制作の最終作業

色調，明るさ，コントラスト，トーンなどが調整され，くすんでいた色彩が鮮やかに蘇り，白ばんだ画面にメリハリが付き，ダイナミックで迫力のある映像が得られる

■ ゴジラ4Kプロジェクトの意義

テレビのコンテンツを2Kから4Kにアップコンバートするのとは，比較にならない手間暇がかけられて実現

フィルムで撮られている作品には応用できることを示すもの

4Kコンテンツの出し手は必ずしも，NHK，民放といった放送局に限らないことを証明

ゴジラ誕生60周年記念に相応しい取組み

ハリウッドでもリメイク版のゴジラが製作，放映されているが，4K化された映像を見ると，臨場感は圧倒的に上回ることに

膨大な手間暇をかけて作られるだけあって，その成果は一目瞭然となる

こうした作業が可能であることが示されることにより，4Kコンテンツの不足を嘆いてばかりはいられないことに

コンテンツ側の怠慢といわれないためにも

日本映画には過去に膨大な数の作品数があることから，4K化により蘇らせることは，コンテンツ立国として相応しいプロジェクトになる

日本の特撮技術の高さと，それが生かされた作品の数を考えれば，世界的に通用するものも多く見られるはずである

4Kビジネスを成功させ，マーケットを拡大させていくためには，コンテンツをもつ側の志の高さが欠かせない

である。つまり，NHK，民放キー局でさえ，そうした状況にあることを考えると，そこまでにはまだまだ距離感のある専門チャンネルから4Kコンテンツが出てくることは期待しにくいことであったし，それも無理はないと思われていただけに，日映の「ゴジラ4Kプロジェクト」はあまりにも画期的だといわざるを得ないのである。

実は，同社は2008年の時点でも，いち早くゴジラのHD化を行った経緯にあり，常に最先端の映像技術を積極的に取り込みながら，事業展開してきたという事実もある。

このプロジェクトは，フィルムを倉庫から探し出し，その状態を確認するところからスタートした。4Kスキャニングが可能な状態であるかどうかが確認され，場合によっては，クリーニングや補強なども行われた。

現時点でベストであると考えられるフィルムについて，貴重なオリジナルネガフィルムを1コマ1コマていねいにデータ化する作業が行われ，フィルムがもつ膨大な情報を1コマずつ4Kでスキャンしたわけである。その作業の1つひとつが，非常に手間がかかることは当然のことなので，本当に時間をかけて最高画質の実現に至るわけである。

4Kスキャニング後のデジタルデータは，レストア工程といわれる作業，つまりフィルムの傷，汚れ，ゴミ，フィルムのつなぎ目の痕跡，退色痕などを1コマずつ修復していく作業が行われた。

レストア工程の次には，4Kリマスターの最終作業となる「グレーディング」が行われ，色調，明るさ，コントラスト，トーンなどが調整され，くすんでいた色彩が鮮やかに蘇り，白ばんだ画面にメリハリが付くようになり，ダイナミックで迫力のある映像が得られるようになる。

ゴジラは2014年で60周年を迎え，ハリウッドで，リメイク映画が作られたわけだが，そうした記念の年に，時を同じくして4K放送・VODの話題が沸騰していることから取り組まれたわけだが，これだけの情熱をもって取り組んだスタンスには脱帽するしかない。
　もちろん，フィルムで撮っていた映画だからできることで，テレビ番組は同じようにはいかないのかもしれないが，できるところから作り込んでいくという姿勢は見習われるべきだろう。
　確かに，ゴジラは4K放送の素材としては最適であるかもしれないが，それとて「ゴジラ4Kプロジェクト」が行われたから思うことである。こうした努力は結果論的に考えるべきでなく，まずはチャレンジする姿勢が重要なのである。トップランナーがいち早く先行することで，それを追う者たちのスピードも上がっていくのが世の習いである。
　4Kコンテンツの制作自体が，NHKと民放に課せられたように思われがちだが，やる気さえあれば，こうした取り組みも行えるわけであり，むしろ専門チャンネルだからこその意気込みが感じられる。
　4K放送・VODがどこまでマーケットを拡大するかは未知数であるが，量販店の店頭などで実際に視聴できる環境が整っていくことで，その魅力に惹かれて4Kテレビを買う人も増えていくだろう。ここ数年のうちに，日本中のテレビの半分以上が，4Kテレビに買い替わるだろうと予測されている。しかし，当たり前のことだが，決め手はコンテンツである。「ゴジラ4Kプロジェクト」がその先鞭をつけたと称される日が必ずくると信じている。

「フィルムの4K再生」を見て思ったこと

　もともと，白黒の映画であった1950年代の「ゴジラ」が4Kとし

て再生されることになっても，急にカラーになることはなく白黒のままで変わらない．

しかし，白黒のままで変わらないからこそ感じることは，当初の上映では描けていなかった細かな部分も再生されることへの驚きである．

ゴジラの2本目では，大阪城を破壊するシーンが出てくる．上映されたものを見ても，ただ壊されているようにしか見えなかったにもかかわらず，4K化されたものでは，瓦の1枚1枚が割れていくシーンが見て取れる．これは決して後から加えたものでないことからすると，フィルムで撮影していたものも，当時の技術ではすべてを再現し切れてはおらず，4K化という工程を経て，ようやくフィルムが撮っていたものを再現できるようになったのかもしれない．

瓦の1枚1枚まで気にして見ている人は少ないと思われるので，それ自体に価値があるということでなく，それだけ鮮明に再現できるところに注目すべきなのだろう．

同じく感じることは，暗闇というのは，ただの黒でしかなく，なかなかその暗影を描き分けることは難しかったように思うのだが，4K映像の特長のひとつとして，暗闇の暗影が何重にも細かく違って見えることだ．

そういう意味では，これからの4Kコンテンツを成功させるポイントとなりそうなのが，暗闇を多く用いるものともいえそうである．現場で目視していた限りは，ちゃんと暗影があったはずなのに，それを撮影すると区別がつかなくなってしまうのかと思っていたが，フィルムはちゃんと撮っていたことが分かった．それを再現する技術のほうが追いついていなかったのかもしれない．

白黒のコンテンツが制作されたころは，白と黒しか無かったのだ

からと考えれば，監督たちは，いかに白と黒だけの世界に何色もの違いを撮り分けようと，こだわっていたのかもしれない。

過去に大量にある名作の白黒作品を，ゴジラ4Kプロジェクトのように手間暇とコストをかけて完成させることができたら，それこそ4K化の最大のメリットが生かされるのではなかろうか。

日本では，デジタル化にともなうHD化のとき以来，4Kや8Kの映像を評価する際に，ゴルフ場におけるグリーンの芝目がよく見えるといった表現が使われるが，往年の名監督たちが撮ったものとは，どういうものだったのかを，今の技術で改めて探れると考えたほうが，コンテンツ立国を標榜するうえでも，適当であるように思われる。

ワールドカップ，8Kパブリックビューイングの意義

2014年6月早々から始まった，開催国をブラジルとするサッカーのワールドカップだが，誰もが注目している日本チームの試合はもちろんのこととして，もうひとつ注目すべきなのが，8K映像の伝送実験が行われたことである。

日本国内では，まだ4Kでさえ試験的放送が始まったばかりであるだけに，ある意味では，ほぼ同じタイミングで，非常に多くの人が関心をもつライブ映像が8Kで伝送されることの意義は簡単に見過ごすべきではない。

8Kの前の4Kコンテンツですら，伝送路として何を使うかが決まっていない状況で，8Kのコンテンツをライブで視聴できるようにしたことは，とても重要であり，仮に4K放送を立ち上げる事業者が出てきても，8Kコンテンツをダウンコンすればすむということになれば，コンテンツの広がりは大変大きなものとなる。

まして，ブラジルでは2年後にオリンピックの開催も決まっている。ワールドカップの8K伝送にも大変な苦労をしたと思われるが，ここから2年後の姿がどうなっているのかを考えさせられるという視点からも意義深いものがあるのである。

4Kコンテンツの制作と，その費用を回収する仕組みを考えると，なかなか1チャンネル分の帯域を得て，放送サービスを行おうという事業者が出てきにくい状況にあることは確かである。NHKは8K放送を行うことを予定しているが，こちらは対応受信機を作るメーカーが見つからない状況である。

そうした閉塞感もあってか，4Kや8Kというのは，3Dと同じで一過性の話題でしかないと決めつける向きもある。映画館ならともかく，自宅でテレビを見るのに，専用のメガネをかけて，きちんと画面に向き合って座る人がどれだけいるかと考えると，家庭におけるテレビの視聴スタイルからして，3Dにはハードルが高かったように思う。

しかし，4Kや8Kが一過性のものにならないと思えるのは，まだ視聴する4Kコンテンツが無い時点で，すでに相当数の4Kテレビが売れているからである。

確かに景気回復に向けた歩みは，日々の生活の中でも着実に見られ始めている。しかし，4Kテレビの価格は少しずつ下がり始めているとはいえ，それなりに高額であることに変わりはない。4月1日以降の消費税増税前の駆け込み需要で，3月まで販売好調だったが，消費税増税後の夏のボーナス商戦においても4Kテレビは目玉商品のひとつである。

普通ならば地デジ化のときのように，サービスも高度化するのに合わせて新型テレビが売れるという形になるはずだが，4Kコンテ

ンツがほとんど量販店の売り場限り程度しか見当たらない現状で，これだけ売れているということは，画質の向上に関心のある人が多い証左であろう。欧米と比べても，日本の視聴需要における画質の高さは，非常に際立ったものがある。

ひかりTVの4KVODが2014年10月から商用サービスを開始したが，本格的に4Kコンテンツが出回るようになってくれば，テレビ自体の低価格化とも相まって，さらなる普及が期待される。

そうした，今の4Kテレビ需要が本物かどうかという議論をしている間に，今回のワールドカップでの8K映像のパブリックビューイングはインパクトが大きいと思われる。

一過性論者が何をいおうと，これだけ4Kテレビの販売に勢いを感じるのだが，そのテレビを買った人たちも，今の2Kのハイビジョン放送の画質には，それほど不満をもっているとは思えない。今の映像も十分に綺麗だが，さらに綺麗なものが見たいというのが，今の消費者ニーズとなっているはずである。

つまり，8Kの映像を見て圧倒される人は多いと思われるが，一般家庭に普及していくにはいささか大画面が必要すぎて，家に置くのはどうかと思うかもしれない。2Kの映像で満足しているものの，8Kの映像は自宅で見るものかどうかと考えたときに，あいだを取ってというわけではないが，4Kなら一番良いではないかということになってもおかしくはない。

4Kと8Kの性格の違いも

8K映像のパブリックビューイングは，4K需要を本格的なものにする効果が大きいのである。今回のワールドカップや2年後のオリンピックは，さらにそうした動きを後押ししていくことになるだ

ろう．

　今回のパブリックビューイングは，NHKによる提供だが，国内の4ヵ所で実施された．イオンシネマ 港北ニュータウン，芝浦工業大学豊洲キャンパス，グランフロント大阪 ナレッジシアター，アスティとくしまである．ライブ上映の応募受付は早々に締め切られてしまったが，その人気の理由は必ずしも，ワールドカップにおける日本チームの活躍への期待だけではないと思われる．

　300〜350インチで見られる8Kの高精細度放送と，22.2chの音響効果は，家庭でテレビを見ているのとは別世界のように感じられたという．その臨場感は計り知れない．技術的にも，光ファイバ一本で8K映像と22.2chの伝送を実施できたことの物理的な技術力も評価されるべきである．

　光ファイバでライブ伝送が実現できることだけではない．ブラジルと日本の間は，約1万8,000キロもあり，国土が広大である．スタジアムとスタジアムの距離も1,000キロは離れているということなので，日本の尺度では実感しにくいハードルもある．

　今回，ブラジルのリオデジャネイロから東京まで，複数の国際研究教育ネットワークを相互接続して8K映像を東京まで届けることに成功した．

　この伝送実験のように，共用ネットワークを使用して行うと，輻輳などの影響によりパケットロスが発生する可能性があるが，NTTが開発したパケット伝送用誤り訂正符号（FireFort-LDGM符号）を適用することにより，パケットロスが発生した場合でも映像が途切れることなく，ブラジルから日本まで安定して届けることが可能となった

　また，FireFort-LDGM符号を，次世代メディアトランスポート

MMTの誤り訂正符号として組み込んだ世界初の実証実験ということにもなった。そうした技術の国際標準化にも道が開かれたといえるだろう。

　もちろん大会開催期間中を通して行われるので，日本戦以外の試合も見られるし，これまでNHK技研が取り組んできた際のコンテンツなども視聴体験ができるようになっている。

　4K，8Kの話になると，どうしても伝送路の議論を棚上げしたままでは，前進が見込みにくいという事情があった。電波による放送も，もちろん期待されるところだが，IPネットワークによる配信やVOD視聴等，光ファイバの活用が最も早道であるように思われる。

　伝送路についての議論は，どうしても諸々の事情が反映され，消費者の利便性が最優先になっているのかと首を傾げたくもなる。事業者間の利害調整を無駄だとはいわないし，公平公正な競争が行われるよう配慮することは不可欠ではあるが，消費者のことが置き去りにされてしまうと元も子も無くなってしまう。そこは関係する誰もが，十分に念頭に置いて臨むべきだろう。

　8Kのライブ映像が可能になるということは，4Kのコンテンツはそれをダウンコンするだけでもできてしまうので，最初から4K前提で作られるコンテンツと合わせれば，そこそこの数になっていくと思われる。伝送路の議論もそれを踏まえて行われるべきだが，今回の8K伝送実験は，すでに4Kテレビを買ってしまい，コンテンツの到着を待っている消費者にとっては，とてもインパクトのある朗報といえるのではなかろうか。

4K放送に感じる一抹の不安

　次世代放送サービスの目玉でもあり，2014年8月29日には当初の

ロードマップを前倒しにしていく答申が出された4K，8K放送だが，とりあえず8K放送は置いておくとしても，4K放送さえ順風満帆とはいえない面がある。

　もちろん関係者の中には一抹どころではない不安を抱えている人がいるかもしれないが，アベノミクスの成長戦略のひとつでもあり，少なくとも4Kについては世界的に取り組まれることになるので，日本勢として走らざるを得ない。

　また，現段階ではほとんど4Kコンテンツを見る機会が無いにもかかわらず，4Kテレビの方は着実に売れているだけに，日本人と欧米人のテレビ放送に対するニーズの違いとして，日本人の高画質志向の高さも追い風となるだろう。

　一抹の不安を覚える理由は，大きく2つあり，ひとつが4K，8Kへの需要に過信があるのではないかということと，もうひとつは地方局に及ぶ悪影響が思いのほか甚大になりかねないということである。

　そもそも今の世の中で，4Kというものがそれほど求められているのかという疑問はある。視聴者の多くは，今の4K，8Kの美しさを見る機会があれば，期待感が強く湧いてくると思われるが，ちょっと冷めた目で見ると，ハイビジョンというものが登場したときと今とでは，メディア環境がまったく違うことに気がついていない人も多いように思われるのである。あるいは気がついていても，気づかないふりをしているのかもしれないが。

　ハイビジョンというものが25年前ぐらいに登場してきて，1990年前後に試験放送が始まり，2000年からデジタル化してスタートしたのだが，そのころは，メディアの主役はテレビ放送が圧倒的であった。

しかも，テレビ放送の画質が良くなるということが，非常に喜ばしく受け止められた。
　アナログからデジタルになり，デジタルになって薄型テレビが登場し，それとハイビジョン化が同時進行で進む中で，家庭に40インチとか50インチといった大画面テレビも普及していった。
　それは，やはり，ハイビジョン化が，放送事業者ではなく，国民にとってウエルカムであったということである。だから，支持されたのだと思われるのである。
　しかし今や，スマホ，タブレットを始め，いろいろなデバイスがあって，ネット経由でいろいろと利便性の高いサービスが提供されている。有料か無料かということは別として，放送局の編成によらず，いつでも好きなものがオンデマンドで見られるようになっている。
　そういう環境の中で，You Tubeとかニコニコ動画とか，受け身で接するだけにとどまらず，積極的に参加することで面白さが感じられる時代にあって，放送局が4K，8Kといって，衛星放送を使って提供するということは，もちろんまったく意味が無いというつもりは無いし，それなりの価値はあると思っているが，かつてハイビジョンが登場したときほど，国民が熱狂的に迎えてくれるかというと，やや首を傾げざるを得ない気がしてならない。
　そこは少し冷静に考えたほうがよいのではなかろうか。総務省も放送事業者に対して，衛星放送をメインに，4K放送を，それも多チャンネルで行われるよう強いてしまって，本当に良いのかということである。
　ただし，地上波は当面無理であるにしても，BSを中心にスタートすることを考えると，わが国で最強のコンテンツ制作力，供給力

をもつ放送局が支えていくことになるので，ネット上の参加型映像サービスに劣ることは有り得ない。

　それだけに，そこそこの受け止め方はされるという確信はある。

　ハイビジョン化のときも，行政の思惑もあり，半ば強引に民放各局に免許を出して，衛星にしろ，地上にしろと，やらせたような経緯にある。NHKの場合は，放送技術の先導的な役割を果たすべきと法的にも課されているので，自らハイビジョン化に取り組んだ。

　世界に先駆けてハイビジョン化を行ったということについては，行政の強引さは見られたものの，意味はあったと評価すべきだろう。現状はともかく，家電産業にとっても，プロセスとして，それがプラスに効いた時代が長く続いたわけで，それはそれでよかったと思われる。

　そのため，4Kもそこそこまでは行くと思うが，ネットの状況や他のメディアの状況，見方を変えればユーザーの状況も含め，それは，ちゃんと見ておかないと，行政なり，放送局なり，家電メーカーなりの，供給者側の論理だけで「どうだ，凄いだろう！」といっても，通用しない可能性を秘めていることは留意すべきだろう。

地上波の凋落の回避が重要に

　一抹の不安を覚えるもうひとつの理由が，民放地方局に与える影響である。

　オリンピックやワールドカップといったビッグイベントが開催されるときに，せっかくだから4Kで見ようという人が多くなっていくと，地上波で見る人が減ってしまうことは懸念される。

　民放地方局からすると，地上波が見られなくなってしまうと，肝心の稼ぎ時を失ってしまいかねない。地方局の凋落のようなことが

万が一にも起こるとすれば，それは東京キー局にとっても望ましい話にはならない。
　これまで築き上げてきた地上波のネットワークは民放の強みでもある。それを安易に崩壊させてしまうと，ビッグイベントが終わって平時に戻ったときに，地上波から視聴者を遠ざけただけという結果に陥りかねない。
　そもそも，今のBS局の体力でビッグイベントの放映権が取れるのかという問題もある。ただ，8Kとは違って，4Kはもはや世界的な潮流になりつつある。今年のワールドカップの際にも，4Kの映像が欲しいといったリクエストがあったという。
　ビッグイベントの放映権料の交渉をする際にも，4Kで撮ることが条件になっていくと，日本の放送局が撮ったものを海外に売るチャンスにはなるが，収益的な話をするならば，地上波が質素に見えてしまうことのマイナスは計り知れない。
　東京キー局としても，4K視聴の普及によりBSが強くなるかといえば，必ずしもそうはならない。ビジネスモデルを考えた場合，朝から晩まで1年中，4Kのコンテンツで並べられるのならともかく，それが難しいとなると，有料モデルは取りにくいようにも思われる。
　一方で，テレビ広告市場が大きく広がっていく見通しも立たないことからすれば，2000年のBSデジタル開始で散々苦労したことの二の舞にもなりかねない。
　ウルトラCの新技術が開発され，地上波で4Kが放送できるようになっても，地デジ化と同じことを再びやらねばならなくなってしまう。それだけの体力は，今の放送局には残されていない。
　2K，4K，8Kが併存するような読み方もできる答申であったが，周波数に空きが無い以上，そういろいろなことを始められるとは思

えない。

　民放地方局にダメージを与えないこと，すなわち地上波を引き続き基幹メディアの中の基幹メディアと位置付けていくことを最優先に考えると，4K放送の未来図を描く際に不安材料が多すぎるように思えるのである。

　2016年の試験放送の役割は，きちんと受信できるかといった視点にとどめることなく，2K，4K，8Kを本当に併存していけるのかといった視聴動向についても真剣に検証すべきだろう。

　幸か不幸か，今示されている受信機の普及予測は，本当に予測の域を出ておらず，視聴動向の検証まで行えるものなのか分からない。

　政府の成長戦略の一環であるならば，民間企業の経営はどうあるべきか，それに悪影響が及んだらどうするかといった検討こそ，欠かせない気がするのだが，それを行政に任せていて良いのかといったことも大いなる不安材料である。

4K放送の時代こそ，地方局が活躍

　地上波の凋落を防ぐためのチャンスもある。話題の4K，8Kの放送であるが，まずは先陣を切ることになる4K放送のスタートで，一気に地方局の力が示されるチャンスが到来しそうに思われる。8K放送については，その前に4K放送をスタートさせてからという意味合いも大きいので，本書では触れることなく4K放送を主眼に据えようと思う。ただ，4K放送におけるチャンスは，8K放送になればなおさらでもあるので，決して無縁のものであるとは考えていない。

　「放送サービスの高度化検討会」の取りまとめによれば，4K放送に関係する記述として，誰もが見たいと思ったときに見られると

いうことと，BS放送は可能な限りの高画質を目指していくべきと述べられている。その両者の要件を満たそうとすれば，4K放送はBS放送で行われる可能性が高いと思われる。

BS放送は全国一波であることから，地上波放送と違って，かなりの部分で在京局がコントロールしていくことが予想される。逆にいえば，地上波で4K放送が行われる可能性が当面はまったく無いことからすると，地方民放にとっては無縁な話であるかのように思われがちである。

在京局が揃って2000年12月からBSデジタル放送を始めることになったときには，キー局が事実上の全国波をもつことになるため，多くの地方局が警戒感を高めたことは記憶に新しい。そのせいもあって，地方局は山奥に取り残された炭焼き小屋になってしまうかとさえいわれたほどであった。そうした警戒感が漂う中で始まったBSデジタル放送であったが，スタートした当初からいきなり経営が苦しくなり，コンテンツも揃わなければ，広告収入も稼げないという惨憺たる状況になった。

広帯域を確保していることを生かして，地デジよりも高画質な番組が放送できるほか，テレビと通信回線さえつないでもらえればと，双方向のクイズ番組など，それまでに無かった取り組みが見られた。しかしながら，テレビと通信回線の接続状況も十年一昔で，今よりもはるかに低かったこともあり，いつしか双方向を生かした番組の数も減っていくこととなった。そうした事情もあって，BSデジタル放送各局は次第に経営難に陥ることとなり，スタート前には警戒感を抱いていた地方局も，救済のための増資要請に応じなければいけないのかと，まったく別次元の警戒対象となっていった経緯にある。

2011年のアナログ停波とともに，ケーブルテレビ加入世帯の増加や，対応テレビとして，地デジ，BS，CSの三波を受信できる共用機がデジタルテレビのスタンダードとして普及していったこともあり，BS放送各社も着々と視聴可能世帯を増やすことができた。今現在では，全世帯の70%を越え，次は80%を目指そうというところまでになり，見ようと思えば見られるメディアとして成長してきた。

　そこで，現時点に話を戻してくると，実は同じような現象が起こっている。世間では少しずつだが，4Kテレビが話題となりつつある。しかし，同じタイミングで，放送と通信を連携させる仕組みであるハイブリッドキャストもスタートしているというのに，家電量販店に足を運べば，目玉商品として売られているのは4Kテレビ一色である。

　もちろん家電量販店の売り場におけるネット環境が良くないこともあり，ハイブリッドキャストを前面に出しにくいという事情もある。しかしながら，今も昔も変わらず，消費者にアピールするのであれば，画質が良いことの方が強いことを量販店の店員も分かっているということもあるだろう。

　2016年に予定される4K本放送を受信できる4Kテレビはいまだ開発途上にあるため，それまでに買った4Kテレビは対応できないというのは事実であるが，アーリーアダプターはとかくそうした思いをするものである。

制作会社として機能する地方局

　4K放送の主戦場がBS放送になるとすると，地方局から見たときに，かつてのような脅威に見えるのか，それとも支援を強いられる迷惑と見られるのかは分かりにくい状況にあると思われる。

しかし，４Ｋ放送の場合には，放送主体がどこになるか，何チャンネルくらいが登場してくるのか，ビジネスモデルはどうなるのかといったことさえ，いまだ何も決まっていないのである。ＢＳ放送が主戦場になるだろうというのも，行政サイドの動き方から推察されるだけである。

　とはいえ，既定の諸条件を勘案する限り，ＢＳ放送が発信元となる可能性が一番大きいわけだが，たとえひとつのチャンネルを在京の５局が運営するという究極の姿になったとしても，コンテンツ不足になることは明らかである。むしろ，通販番組や使い回された韓国ドラマを放送するわけにはいかない以上，余計にコンテンツが不足することになってもおかしくない。

　そこが地方局にとっての大きなチャンスといえる。日本全国は四季の都度，異なる景色を見せる。在京局が天気予報のひとつのネタとして，桜前線や梅雨前線を伝えるレベルとは違い，地方局の場合には地元の名所のいろいろな姿を伝えることができる。高知県でいえば，四万十川の四季を描いたとしても，ただの春夏秋冬の絵ばかりでなく，時には静かに流れ，時には荒れ狂うかのように流れる姿を伝えることができる。

　そうした題材は日本全国にあるわけであり，そうした美しくもあり狂おしくもある自然こそ，４Ｋ放送の題材として適切であるように思えるのである。高精細度の放送が可能になるというと，すぐに女優のシワをちゃんと消せるかといった喩え話が出るが，そういう次元で考えている限り，４Ｋだろうと８Ｋだろうと成功が覚束ないとしか思えない。

　地方局の存在意義ということも，これまで繰り返し議論されてきたことであるが，机上の空論を重ねるまでもなく，地方局の地域密

着を強みとして，4Kの全国放送にコンテンツを制作して売っていくというミッションが期待されてくる。

　4Kで撮るのにふさわしい題材を多くもつということだけでなく，常日ごろから地域とともに活動しており，地元のイベントなどに積極的に貢献してきたことが奏功することになる。東京からの取材班が来たとしてもなかなか撮影許可が下りないような素材についても，地元局であれば日ごろの付き合いの成果の一環として，話がまとまるのが早いことも多いだろう。

　地方局も，これまでは放送番組を作ることを中心に考えてきたと思うが，これからは地域に根ざした強力な制作会社という位置付けに変わっていくことも必要不可欠であるように思う。

　4Kや8Kといった時代になってくることで，全国の地方局に新たに大きなチャンスがめぐってくるように思われる。それをいち早く察知して動き出すことが，今後の優劣を決める鍵となるのではなかろうか。

シネコン向け8Kビジネスへの期待

　2014年のサッカーW杯の模様を国内4ヵ所で8K映像によるパブリックビューイングを行えた実績は，今後の8Kビジネスにも大きな影響を及ぼしてくると思われる。

　大型のスクリーンの方が8K映像・22.2chサラウンドの音響が生きることは確かだが，それを一般家庭で視聴するのには無理があるのではないかといわれてきた。

　普通に考えれば，家庭内のテレビスクリーンのサイズは，50〜60インチが限度だろうと思われがちである。ただ，テレビ放送の草創期には，20インチくらいのテレビが普及しており，その頃に50イン

チと聞いたら，誰もが大きすぎるといったはずである．しかしながら，日本における平均的な家屋がそう大きくはなっていないにもかかわらず，最近では50インチのテレビくらいでは驚かれることもない．慣れてしまえば，それが当たり前になるということだ．

とはいえ，限度があることも確かなので，一般家庭に普及させていくためには，今のテレビをひと回り大きくする程度でも，高画質・高音質を楽しめるような工夫が必要であろう．

そこは家電メーカーの腕の見せどころであるとして，8Kの場合には一般家庭だけを対象とするのではなく，今回のパブリックビューイングで使われたようにシネコンなどで楽しむというビジネスも成り立ちそうである．

ライブ・ビューイング・ジャパンという会社が提供しているサービスのコンセプトが大いに参考になると思われるが，なかなかチケットが取れない人気アーティストのコンサートなどを，別会場でもライブ中継することによって楽しめるようにするというものである．

メイン会場で行われているものを別の場所で見ても意味が無いと考えれば，このビジネスモデル自体が成り立たなくなるが，さすがに自宅とはまったく違う映像・音響で視聴できれば，まさに臨場感の高まりが期待できるはずである．

映画と8Kコンテンツでは，種類も性格も大きく異なると思われるが，おそらく多拠点で楽しめるコンサートはそう毎日のように行われるとは思えない．そうであれば，映画の人気を合わせ考えることにより，一晩だけ別の目的で利用してもまったく問題ないと思われるし，そもそもシネコンというのは，そういった発想から生まれてきたことも忘れてはなるまい．

生かされる8Kの臨場感

　例えば，海外の大物ミュージシャンが来日したときのことを考えれば，分かりやすいと思われる。どれだけ精力的に日本国内のツアーを実施してくれようと，興行的な問題も大きいことから，大都市圏にある会場でのコンサートに限られてしまうだろう。

　鹿児島県に住む音楽ファンも大勢いることは間違いないと思うが，普通に考えれば九州であれば福岡でコンサートが開かれるのが精一杯ということになる。いくら交通の便が良くなったとはいっても，コンサートのために鹿児島から福岡までは距離と時間がかかりすぎる。まして，コンサートが夜間に開催されることが多いと考えれば，帰りの電車の心配もしなければならなくなる。

　しかしながら，これまでの実例を考えれば，海外の大物ミュージシャンであれば，福岡でのコンサートを開いてくれるだけでも御の字であり，東京と大阪で開催されるだけというケースが圧倒的に多い。

　そういう際に，メイン会場は東京であっても，鹿児島市内のシネコンで8K映像と22.2chサラウンドのコンサート中継を見られれば，繰り返しにはなるが臨場感がまったく違うので，非常に大きなユーザーサービスになるのと同時に，十分な興行収入も見込めるはずである。

　もともと，集客力をベースに一定レベル以上の興行収入が見込めるかどうかがポイントになるのだが，事前に予約を受け付けるようにしておけば，開催する価値があるかどうかを読み間違えることはない。

　同じ理屈でいえば，大物ミュージシャンの中には，日本が嫌いだ

からということでなく，飛行機が苦手だとか，食が合わないといったさまざまな理由で，なかなか来日が期待できないケースも多々見られる。

　１万8,000キロも離れたブラジルからサッカーＷ杯の中継ができたことを考えれば，海外で行われるコンサートを日本国内でも中継することは難しくはなかろう。費用対効果の問題がクリアさえされれば，実現が難しいとは考えにくい。

　もちろん，権利処理は不可欠であり，放映権料なども費用項目としては大きくなるかもしれないが，それでも相応の料金を払ってもかまわないというニーズのほうが大きければ，チャレンジしてみる価値はある。

　コンサート会場も大きくなる一方であり，一昔前には日本武道館でさえ，コンサート会場としてふさわしいかどうか議論されたものだが，今や東京ドームでコンサートが開かれるのもまったく珍しくなくなった。東京ドームに出かけていけば臨場感を得られるかと考えた場合，実際にはステージ上のアーティストの姿が目視できる席は限られており，ステージの上の両側に据え付けられた大画面での中継映像を見ている人のほうが多い。

　そう考えれば，どうしてもメイン会場に行きたいというこだわりのある人がいても，ただ大画面を見ているだけならば，８Ｋの映像・22.2chの音響で楽しみたいと考える人が大勢いて当たり前のように思われる。

　WOWOWのように，自宅のテレビ視聴者に向けてコンサートのライブ中継をやってみせる事業者もいる。自宅のテレビで楽しめるようにするのも立派だが，やはり大きなスクリーンで楽しみたいというファンのニーズも決して小さなものではないと思われる。

まして，8K映像で視聴できる時代になってきたことを考えれば，自宅との差別化も図れるので，それぞれに大きなニーズを見込めると思われるのである。

　海外からのライブ中継も衛星から光ファイバに移行しているのが実情であり，なおかつ今や8Kの映像まで伝送されることが証明されたことになる。いきなりビジネス化するには，時期尚早かもしれないが，何事も準備が肝心であるため，そういう時代が来ることを先読みして事業計画を立てておく必要がありそうである。

　もちろん，シネコンをもつ事業者や興行事業者とのタイアップが不可欠ではあるが，ビジネス性の高ささえ理解し合えれば，さまざまな形のパートナーシップも組めるように思う。ライブ・ビューイング・ジャパンのモデルを模倣しているといえばそれまでだが，8Kの映像にはそれどころでないインパクトがあると考えれば，同社が自ら取り組んでもいいし，新規参入が起こってきてもおかしくはない。

　肝心なのは，ユーザーニーズのほうであり，それに応えるところが優位に立つことになる。本書では音楽コンサートを例に挙げて記してきたが，8KコンテンツとしてはサッカーW杯が採り上げられたように，素材はいくらでもあると考えるべきであろう。

　生中継をライブで見るためにはスタジアムに足を運ばなければいけなかったが，新たな技術の登場にともない，限りなくそれに近い環境が用意できるようになったということである。それを一般家庭のテレビで見られるようにしたのが放送サービスの始まりだったと考えれば，逆に臨場感のある会場でも実現させるのは，まったく新たなサービスといえるのかもしれない。ポイントは，あくまでも8Kである。

費用対効果を図るのがビジネスの基本である。8Kコンテンツの伝送がすぐに一般的なビジネスにはなりにくく見えるかもしれないが，そういった費用の低減するスピードは極めて速い時代となっている。企画を立案して，シネコンと話を通している間にも，着々と低コスト化しているといったように考えるべきだろう。

　何よりも肝心なことは，8Kを娯楽の手段と考える際に，一般家庭を対象としてしか普及の可能性が論じられてこなかったように思えてならないので，そこの着眼点は広げていく必要があるということだ。そうこうしているうちに，いずれ自宅のテレビでも8Kのコンテンツが楽しめないものかと考えられるようになり，自然と一般家庭のテレビも対象にされていく可能性が出てくると思われる。

MPEG-DASHへの期待

　わが国では，いち早く，ひかりTVによる4KコンテンツのVOD配信がスタートしたが，同じタイミングで，VODコンテンツの伝送手段として，MPEG-DASHという伝送方式についての期待が高まっている。ひかりTVの4KVODではすでに，その方式が採用されている。

　4KのVODの技術仕様については，今のところ，HTML5が割と標準的な機能として，4Kテレビにも入っている。HTML5を使って，ビデオタグという標準的なビデオを利用する機能を使うときの技術的な環境として，最も有望視されているのが，MPEG-DASHという方式である。

　MPEGで規格化されたもので，WebブラウザとWebサーバーの間でHTMLなどのコンテンツの送受信に用いられる通信プロトコルであるHTTP（Hypertext Transfer Protocol）のバージョン1.5とい

うものには使われ始めている。

　DASHというのは，Dynamic Adaptive Streaming over HTTPの略で，HTTPのサーバーにビデオコンテンツを置いて，回線の状況が悪くなったら，ビットレートを下げたほうに切り替えて，少し画質が落ちるようなことがあっても，スムーズにそれが見られるようにできることも含めた技術仕様となっている。

　今までならば，H.264という圧縮技術があって，圧縮されたものをTSパケットにして，ビデオサーバーからHTTPとかRDPといった形で送り，受けとる側は，TSパケットを受けて，デコードするという手順である。極めてシンプルな方式なのだが，MPEG-DASHの場合には，圧縮されたパケットをあるルールに則って，バラバラにして送って，受けとる側が，そのバラバラのものを，順番どおりに組み立て直すというような伝送のテクニックである。基本的な技術基準ができ始めていて，それをブラウザから呼び出すことができる。ブラウザから呼ぶ出すときに，改めて組み立てる際のルールだとか，DRMをかける際のインターフェイスのルールだとかを，ようやくＷ３Ｃでルールメイクされたので，ブラウザ上でMPEG-DASHのビデオが取り扱えるようになった。

　その使い方としては6メガで圧縮したものとか，3メガで圧縮したものとか，1メガで圧縮したものを用意しておいて，それをバラバラにして，パッケージ化した形でサーバーに置いておき，受け取る側で，伝送の状態が良ければ，6メガのパッケージを受け取って，デコーダに流し込むのだが，伝送の環境が落ちてきたら，3メガに切り替えて送り込むことができることが一番肝となる仕掛けである。

　そういう技術をMPEGの中で標準的な技術仕様として決めたとい

うことで，その機能をHTML5のビデオタグから利用できるように，つながってきている。パソコンの場合に，ビデオファイルのURLを入れると，ブラウザでビデオを再生できるが，それと同じことをテレビの上でやろうとしているということだ。

MPEG-DASHベースでの伝送が世界標準となりつつあることを受けて，国内でも映像のオンデマンドサービスを提供する際に，MPEG-DASHの仕様に則って，2Kの映像についてもテレビに向けて提供しようと考えられ始めている。

当然のことながら，MPEG-DASHの技術仕様を使えば，2Kにとどまらず4Kでも同じことができるので，DASHベースの技術仕様によって，2Kや4KのVODサービスに使えるようにしようと検討されているところだ。

そうなると，4Kだろうと，2Kだろうと，どこのメーカーのテレビにも，MPEG-DASHに対応できる機能が搭載されることにより，そのテレビに向かって，同じMPEG-DASHベースで，H.264の2Kか，HEVCの4Kのコンテンツが提供できることになる。

家電メーカーにも好影響

家電メーカーが常に世界市場をターゲットとして製品開発をしているという意味で，8K放送の受信機を作るのかという議論があるが，その論調を借りるとすると，2Kや4KのVODについては，MPEG-DASHが世界標準となる以上，その機能を搭載してくることは間違いなかろうと思われるのである。

民放連会長から，見逃し番組VODの無料化についての検討を行うとの発表があったが，特定のプラットフォームの上でやりにくいとすれば，4KテレビにVOD機能も併せ持たせることが必要になる

はずなので，そうした技術仕様についての議論が前提条件として組み込まれていくのかもしれない．

　今の放送局各社がそれぞれのVODサービスの最初のスペックを決めたころは，まだMPEG-DASHの細かいところが決まっていなかったが，ようやく結論も含めて細かな部分も決まってきたので，ハイブリッドキャストのバージョン2の仕様として，その技術仕様が導入されることになった．

　細かいパラメータ設計も今，大体見えてきたので，それに合わせて，メーカー各社もテレビを作っていくことになると思われる．

　ようやくテスト環境が見えてきたということで，それに合わせて，メーカーが作るテレビと，放送局各社のサーバーのコネクション環境を整備していくことになりそうである．来年度のどこか早い時期には，サービスインにつながるようにと目指されている．それと併行して4KのVODの話も，より広く展開していくことになるだろう．

　これまで販売されてきた4Kテレビには，MPEG-DASHの機能は付いていないが，ファームウェアのダウンロードで解消できれば，後はブラウザ上でビデオが利用できるということなので，テレビをアップグレードできる形にすべく，メーカー側でも取組みを始めたという段階である．

　もちろん，メモリの容量が少ないとか，CPUのパワーが足りないとかいう事情があると，機種によっては対応できないものも出てくるかもしれないが，わりと新しいモデルのテレビであれば問題ないだろうということのようだ．

　これまでのところ，MPEG-DASHを使ったケースは，PCベースのものなら何かあるかもしれないが，テレビ対応でやったのは，HBBTV（Hybrid Broadcast Broadband TV）というヨーロッパの

技術基準で,初めての対応がなされたと聞いている。
　ヨーロッパのドイツが中心に動いて,大陸側の国々では,いくつかのサービスが始まっており,STB(セットトップボックス)で対応している例が多い。
　日本でいうデータ放送からビデオに遷移するといった感じのサービスである。
　ヨーロッパでは,日本のようにはデータ放送が発達しなかったが,テレテキストはあったので,それを機能アップして,データ放送のような機能を果たすことができるようにしていた。
　それとネット的なビデオを紐づけしようという発想が原点にあって,HTMLの4に相当するものを,ヨーロッパの中でスペックを決めて,何年か前からスタートしているのだが,去年くらいにバージョン1.5というものを作った。もう間もなく,バージョン2というものができて,バージョン2になると,彼らもようやくHTML5化するという状況なので,ハイブリッドキャストとかなり近い方向に向かっているといえそうだ。
　ヨーロッパ勢がやりたいと思っていることを,日本では先行し始めており,ビデオに飛ばすとか,タブレットと連携させるといったスタイルには,ヨーロッパ勢も大いに関心をもっているようだ。
　ただ標準仕様を広めていくということにかけては,ヨーロッパ勢はなかなか巧みである。アジア諸国にも,DVBファミリーのネット連携で,随分と売り込んでいると聞いている。
　その辺は日本勢ももう少し頑張らなければいけないところである。そうはいっても,ひかりTVの4K・VODの商用化は世界レベルで先行したといえるので,世界をリードしていくだけの潜在力があることも自覚して,攻めの姿勢を見せていくことが重要である。

第3章

スマートテレビで何ができるのか

ハイブリッドキャスト，スマートテレビの代名詞に

　2013年9月2日にスタートしたNHKのハイブリッドキャスト第一弾は，まだまだいろいろな制約の下でのスタートであったが，その後の展開を見ていくうえで，意欲的な試みがいくつも見られた。

　まず一見して思ったことは，文字情報が多くなっているにもかかわらず，その文字が小さくても非常に見やすくなったことだ。今までの文字スーパーは，どうしてもMPEGの歪みのようなものがあったが，それは解消されており，情報をネットからもってきているだけあって，読みやすいフォントになっている。

　ハイブリッドキャスト対応のテレビであれば，データ放送の最初のところに，HTMLのアプリがどこにあるかが示され，ネットに取りにいくべきかの指示が入っている。全画面がブラウザになっており，そこに放送の映像も表示されるし，ネットから取ってきた情報も表示されるようになっている。そこで提供される情報自体は，スタート時には，制度上の制約があって，データ放送で提供されているものと同じであったが，それぞれが今後の広がりを容易にできるように作り込まれていた。

　そうした中でも特徴的な点がいくつかあって，例えば，放送中の番組が全体の中でどこまで進んでいるかを見ることができる。それはネット動画を見ているのと同じ表示が画面下に出てくるので，ネット動画であれば慣れていることでも，放送番組でそれを見ると新鮮な印象を受けるのではなかろうか。

　注目してほしいのは番組表である。デジタルテレビの機能として表示される通常の番組表は，EPGの仕組みによって提供されているので，当日から8日先までのものしか見られない。しかし，ハイブ

リッドキャストの場合には，過去30日まで遡ることができる。さらに過去の番組表の中から，リモコンで個別の番組を指示すると，細かな番組情報が見られるようになっているだけでなく，再放送の予定日時が分かっているものはそれが表示される。これはユーザー目線からすると非常に便利である。過去の番組表を見るのにも，少しずつ遡るのでは面倒だろうということで，カレンダーが表示されており，そこから特定の日に飛ぶことも容易にした。

過去の番組表自体はwebには出しているのだが，今までのテレビは，EPGとして放送から取ってきた情報がベースとなっているので，8日先までしか入っておらず，それしか表示できなかった。ハイブリッドキャスト上の番組表は，ネットから情報を取ってきているので，過去30日まで遡れるということだ。

おそらく今後の展開としては，そこからNHKオンデマンド（NOD）に飛べるようになるのではなかろうか。そうすれば，NODにアプローチすることが非常に効率的になる。制度上の問題が解決したことでもあり，NODの使い勝手が飛躍的に向上しそうな期待がもてる。

NHKと民放とでは，取り組めることに違いがあって当然だが，NHKのハイブリッドキャストの大きな特徴として，大半の情報が放送番組にオーバーレイされている。文字ベースで提供しているニュースも，リモコン操作により全画面表示で見られるようになっているので，より詳細な情報を見たいと思ったときにもとても楽である。また，その日その日の話題のニュースが順位付けされて表示されるようになっており，それを見ながら，見損なってしまったニュースを改めて再読できるようにもなっている。

最初の冒険，「旬美暦」

　もうひとつ，新しいサービスとして各方面から注目されたのが，「旬美暦」（しゅんびれき）というものを入れたことだ。これは，テレビの全画面をスライドショーにしたということと，音声もネットから取ってきたものをそのまま流すようにしたことが特徴である。

　コンテンツの中身としては，二十四節気，七十二候という暦の情報を紹介するもので，テレビ画面からは静止画と音楽が提供され，まるでテレビ版のスクリーンセーバーといった感じで，美しい絵と，美しい音声が流れるようになっている。そこで表示される映像もハイビジョンの解像度なので，これまでのデータ放送によるものとは，画質的にもかなりの差が示せているように思う。七十二候なので，五日周期で内容が変わっていく。二十四節気とは何かとか，七十二候とは何かということも含め，綺麗な絵で示されるので流しっ放しにしていても使えるようになっており，なかなか好評を博しているようだ。

　ただし，「旬美暦」を表示すると，テレビ画面上から放送がまったく消えてしまうので，民放の立場からすると有り得ない試みに見えるだろう。当然のことながら，音声も変わってしまうので，それをベースにカウントされる視聴率にも反映されなくなる。こうした使い方が民放からどう見えるかを考えると，NHKとしては非常に大胆な試みを行ったものだと驚かされる。ただし，4K，8Kの世界に入っていくことを考えれば，テレビ版のスクリーンセーバーは意外と面白い着眼点といえるのではなかろうか。

　もちろん，その段階では，地震情報のように，まだデータ放送のほうにしか載っていない情報もあるので，それらも順次，ハイブ

リッドキャスト化していく手順を踏んでいるのだが，すでにデータ放送とハイブリッドキャストとの行き来も，リモコン操作ひとつで容易にできるようになっているので，特に不便さや面倒を感じることはない。

放送画面にオーバーレイして情報が表示されることについては，すでにいろいろなところからさまざまな意見が寄せられているようだが，強制的に表示されるものではなく，視聴者がリモコンで選択した場合にのみ表示されるのと，緊急地震速報などがあった場合には，即座に画面がそちらに切り替わるようになっているので，放送の公共性といった視点からしても，十分に担保されているといってよいだろうと思われる。

ハイブリッドキャスト，さらなる進化へ

放送と通信の連携サービスの進展が期待されているが，民放の場合には当然のことながら，民間企業として，ビジネスモデルの検証が不可欠となり，慎重なスタートとならざるを得ない。

一方のNHKは，放送法でも「先導的な役割を果たすこと」が規定されているのだが，ネット活用についての規制があった間は，なかなか自由自在にサービス展開をすることはできなかった。よく出される例として，サッカーの試合のハーフタイムに，放送されるものとは別に，視聴者が好きなときに前半のハイライトシーンを見られるようにネット経由でコンテンツを配信することが，NHKには制度上できないことになっていた。放送終了後ならばよいと考えられがちだが，サッカーの場合でいえば，試合終了をもって放送終了を迎えると判断されることから，ハーフタイムに前半部分の放送が終了したとは見なされないためである。

放送コンテンツとネット経由のコンテンツをシンクロさせながら楽しめるハイブリッドキャストをいち早くスタートさせたNHKとしては，先導的な役割を果たすために，2014年度内（ソチ五輪のライブビューイングも含め）に限定して，6つの特認事項を行うことを，総務省に認可申請した。9月に始まったものは，情報の内容がデータ放送で提供されているレベルのものだが，本格展開に当たっては動画がキーサービスとなるはずである。それだけに意義深い検証といえるだろう。

6つの特認事項とは，「時差再生（その後，早戻しに命名変え）」，「マルチビュー」，「ハイライト視聴」，「番組参加」，「番組関連情報」，「アーカイブス動画クリップ」であり，サービス設計，演出，技術といった視点から検証を行うというものであった。

「早戻し」とは，いわゆるネットワークDVRの「Start Over」と呼ばれるサービスで，例えば，1時間番組の途中から視聴を開始した人が，番組の頭に遡って見られるといったものである。必ずしも頭まで戻らなくても，10分前に戻れないかといったニーズに応えられるかの検証も行われる。その機能をどこまで使えるようにするかといった議論はあるが，一応，1時間番組であれば番組開始後59分までということにして，番組が終了してしまうと使えなくなる。テレビ受信機のCPUの問題もあって，PCのようにスクロールバーを使って自由自在に行き来できるところまではいかないが，視聴者の要望の多いサービスであることは間違いない。

「マルチビュー」は，野球やサッカーの試合等で，複数台のカメラが試合状況を撮っていることから，テレビ画面上に表示されているものとは違うカメラ映像を，タブレット端末のほうで楽しむというものである。技研公開で展示された野球中継の場合には，テレビ

画面の中にピクチャー・イン・ピクチャーをすることができていたが，今のテレビ受信機ではいまだそれができる保証が無いので，別カメラの映像は，タブレットに流れるようにしてある。タブレットありきのサービスになり，タブレット上にいくつかのカメラの選択メニューが並び，それを選ぶと，その映像が出てくるという仕掛けになる予定である。

　「ハイライト視聴」については，規制の例として挙げたサッカーのハーフタイムときに，ゴールシーンなどをオンデマンドで視聴できるようにするサービスである。ダイジェストシーンをサーバーに置いたら，アイコンだけをネットから送って，それを叩くと，ネット上で再生ができるようにすると同時に，それをテレビ側に出すと，放送に代わって大きな画面でダイジェストシーンが見られるという仕掛けにしようと考えられている。

　タブレットありきのサービスも，時間の問題で，タブレットが使えない人にも利用できるように，テレビ画面上にアイコンを表示して，映像を再現させるといったアプリケーションになっていくと思われる。

HTML5ならではの有効性も

　「番組参加」は，今も行われている双方向のクイズ番組等への参加を，ハイブリッドキャストを通じて行えるようにするものである。4色ボタンを使った四択のクイズ番組は珍しくないが，ハイブリッドキャストの仕組みを生かすことにより，ヒントの数を多くしたり，結果がテレビ画面上に表示されたりすることが想定されている。今あるものと比べた違いは，放送からのトリガーに合わせて反応するようにして，臨機応変の対応ぶりを鮮明にすることができると期待

される。

「番組関連情報」は文字どおりのサービスであるが，番組の進行に合わせてその字幕情報から固有名詞や特徴的な名詞を切り出して，それをネット経由で提供することにより，それを検索したり調べたりすることを容易にするのだが，字幕情報の活用度を高めているところが注目に値する。まさに既存の技術の有効活用といえる。こうしたサービスも，番組に関連する情報を番組の放送中に流すことになるため，あくまでも特認事項として利便性等を検証していくことになる。将棋の棋譜をデータとして送るとか，旅番組の地図を送るとか，ショップの住所と地図を送るとか，料理番組のレシピを送るとか，応用事例は数多く見出せると思われる。

字幕情報から名詞を切り出すというのは，言語処理のプログラムがあればできることだが，おそらく機械だけにやらせると，わけが分からなくなってしまう可能性もある。そのため，人手を加えるわけだが，試行錯誤しながら手直しをしていき，サービスの高度化を図っていくことになる。HTMLを使うことの意義もそこにあり，手直しを加えることと，それをサービスに反映させる時間を圧倒的に短縮できるようになる。

「アーカイブス動画クリップ」は，表示されるアイコンを叩けば，好きな映像をビデオで楽しめるようにするというものである。2013年はテレビ放送60周年ということで，IPTV type 2 から動画を提供していたが，それも翌年以降は見られなくなってしまうので，特認事項のひとつとして，検索の容易性やリコメンドの有効性を検証することにより，平時からのサービスにしていくことが期待されるものであった。

民放各社もスマホやタブレットを使ったパターンを皮切りにサー

ビスを開始していくと思われるが，NHKが特認事項として行った検証は大いに参考になったと思われる。NHKに対するネット規制は，明らかに時代遅れな感覚のものとしかいえなかったが，その規制が外れた今も，公共放送たるNHKにはできないことが多くある。そこを民放が早々に見つけ出して提供していくことで，民放にとっても大きなビジネスチャンスとなる。

　こうした検証を，特認事項として行っていかねばならないことは疑問視されて然るべきだが，制度上の問題は別としてNHKにはできないことを，ひとつでも多く自社サービスとして取り込んでいくことが民放のためでもあり，広義には，放送サービス全体の将来性をも切り拓いていくことにつながる。そうした発見のチャンスとなることも，併せて期待された次第である。

ハイブリッドキャスト，「早戻し」のニーズ

　ソチの冬季オリンピック中継の中で，NHKのハイブリッドキャスト機能のうち「早戻し」というサービスが展開された。これは，番組の途中から視聴しても，番組の冒頭，もしくは視聴し始めたときより少し前に戻って，そこから視聴することができるというものである。

　海外では「Start Over」といわれるサービスに当たる。この機能が使えるのは，対象番組の放送中に限るので，番組が終わってしまってから，この機能を使って，遡って視聴することはできない。

　もっとも，1時間半の番組であれば，番組終了1分前くらいまで使えるので，そこから冒頭に遡って視聴すれば，1時間半の番組でも，その視聴機会は3時間近くあることになる。

　当然のことながら，インターネットの機能を使ったサービスであ

るため，NHKの場合は法改正がなされない限り，常時こうしたサービスを提供することはできないのだが，2013年11月の電監審において，この「早戻し（特認時の名称は時差再生）」を始めとする6つのサービスが特任事項として認められ，2014年度一杯は行えるようになった。

それぞれのサービスは順次スタートしているが，この「早戻し」については，ソチオリンピックの中継時から提供が開始された。

ちなみに，民放にはNHKのようなネット規制は適用されないので，こうしたサービスは，やろうと思えば，いつでもできるものである。ただ，ひとつの番組の視聴が，後ろにズレ込むことになるため，次の番組のCMスポンサーに失礼になるということもあり，今の段階では提供されていない。

そのため，NHKのハイブリッドキャストのサービスの中でも，「時差再生」は注目すべきもののひとつであり，その使い勝手の評価が気になるところでもあった。

しかし，当然のことながら，ハイブリッドキャスト対応テレビでないといけないので，ユーザーが対応受信機をもっていなければ使えない。対応受信機も巷間いわれているよりは普及し始めているようだが，まだまだ少ないことは事実である。

一方で，やや早めに市場に出てしまった感は否めないが，4Kテレビのほうは順調に出荷台数が伸びているという。

いずれにせよ，2011年7月のアナログ停波をピークにして，テレビが一斉に買い替えられたこともあって，受信機の販売状況が低迷していただけに，4Kテレビにしても，ハイブリッドキャスト対応テレビにしても，新たな買い替えを促す材料になってくることが期待される。

地デジがスタートしたのが，2003年の12月であったことから，すでに10年を経過していることもあり，アーリーアダプターは買い替えモードに入っていることは確かである。特に3月末までは，消費税増税前の駆け込み需要もあり，高価格のテレビ受信機が売れたという事情もあった。
　これから市場に出荷されていくテレビ受信機は，だんだんと4Kのパネルが付いて，ハイブリッドキャスト対応の機能も併せもったものが中心となっていくと思われる。
　そういう意味では，2月のソチオリンピックは，まだ対応受信機が普及していなかったという意味では，評価の難しいタイミングであったことは間違いない。
　もうひとつの要因として，テレビ受信機とネットなどの通信回線が接続されているケースが非常に低いという事情がある。比較的最近の調査でも，全体の14％程度であると指摘されている。つまり双方向機能をもったサービスが享受できるものが，マックスで14％ということになってしまう。しかも，せっかくネットとつながっている14％のテレビも，必ずしもハイブリッドキャスト対応受信機であるとは限らないため，ハイブリッドキャストの利用率もなかなか上がってこないのも無理のない話である。
　もっとも，その1年後の2014年秋の調査では結線率は28％となり，その数字に驚かされるのだが，ここでは14％であるといわれていた時期に感じたことを記すこととしたい。
　何しろ，家庭内の無線LAN環境を作って，スマホと無線LANルーターで，テレビとつながっているという環境を，構築するのはなかなか大変である。そういう意味では，テレビ放送と，スマホやタブレットと連携させたサービスも，実際に使ってもらえる割合はまだ

まだ低いというのが実情である。

やはり課題は結線率

　双方向サービスを受けられるようにするために，ネットとテレビをつないでもらうような努力を誰がするのかというのも，議論になるところだが，ネットにつなぎたくなるような双方向の面白い番組が少ないからというのは，完全なる間違いだと考えている。

　いくら双方向で楽しめる番組を作って放送したところで，視聴者がその面白さや便利さを体験できないのだから，番組のせいで双方向化が進まないというのは，まったくのお門違いだと思われるからだ。

　誰が悪いかという犯人捜しよりも，ネットとテレビをつなげてメリットのあるはずのケーブルテレビ事業者や大手通信事業者にも，そうした環境作りを促進するような役割を期待するほうが建設的であろう。

　ひかりTVのように，すでに双方向前提でサービスが構築されており，「Start Over」もすでに始めている例は，IPTVだからということにとどまらないチャレンジ精神の賜物であると思われるが，それはむしろ例外ともいえる現状にある。

　ある意味では，今回の「早戻し」などは，双方向機能を生かす典型であるように思われる。これだけ録画機が広く普及している国も珍しいといわれるが，それでも録画しない番組というのはあるからだ。

　ニュースなどは録画する人は少ないだろう。スポーツも，オリンピックのような大きなイベントの場合には，競技数も多いし，中継番組から録画番組まで幅広くあるので別だが，平時のプロ野球や

サッカーの試合は録画しておいて後で見ようという人は少ないと思う。結果が分かっていれば，ダイジェストだけを見れば十分だという人も多いだろう。
　しかし，そのダイジェストの番組については，「時差再生」のニーズは高そうである。それもスポーツニュースであると考えれば，やはりニュースにはニーズがあるということになる。
　それと，こうした機能を常時使うようであるならば，それは自分で録画したほうが早いかもしれない。普通はリアルタイムで見ていて，そのまま見終わってしまってかまわないジャンルである。
　ただ，ときどき「あ，今の場面を，もう一度！」と思うことはある。そういうときに「早戻し」が使えればよいわけである。また，NHKの土曜や日曜のスポーツニュース番組のように，よく放送開始時間が変わるものにも，非常に有効である。
　たまたまテレビのスイッチをオンにしたら，いつもより10分早く始まっていて，お目当てのプロ野球のコーナーが終わっていたといったときに悔しい思いをするのだが，必ず番組表でチェックしておくほどではないと思うだけに，そういうときに「時差再生」が使えたらよいと思うのである。
　「早戻し」は同時間にアクセスが集中する可能性が高いため，サーバーや回線の容量についても大変であるという声を聞くが，本当にそうだとは思えない。上記の例のように，「たまたま」という際に使えれば便利だというだけで，そうでないケースでは，やはり録画しておくだろうと考えられるからである。
　もちろん，著作権処理も必要になる。しかし，そうしたネックばかりを引き合いに出して，できないことの言い訳をいっているだけでは，放送・通信の連携サービスはいつまで経っても進化しない。

著作権処理も真摯に対応すればクリアできるものも多いし，どうしてもNGであるという場合には諦めればよいだけのことである。

欧州では午後8時以降の番組では，すべてこの「早戻し」が使えると聞いている。録画機の普及が低いからともいえるが，やろうと思えば，できることは多いはずだという事例でもある。

「早戻し」のようなサービスが，いつでも使えれば，とても便利であると思われるだけに，早くそうした環境が整っていくことを期待したいと思うのである。

リモート視聴は本当に便利なサービスなのか

スマートテレビ時代の目玉ともいえるサービスとして，リモート視聴が可能になることが挙げられる。

リモート視聴というのは，自宅のテレビ受信機または録画機を親機とし，それとペアリングしたスマホなどをセカンドスクリーンとして，自宅から遠く離れたところにいても，自宅で見られるのと同じ放送が見られたり，自宅で録画しておいた番組が見られるようなサービスである。

自宅での視聴環境を外出先でも再現できるという点では，確かに利便性が高いといえるのかもしれない。

親機として想定されているのがスマートテレビであり，その普及にはまだまだ時間もかかりそうなので，議論に議論が重ねられた末に示されるであろうソリューションも，実際には使える機会のある人は，今の段階ではまだ少なそうである。

とはいえ，いずれは広く普及していくことが予想されることから，最初の段階で，ある程度のルールメイキングをしておこうという考え方は重要であり正しいと思う。

ただ，既成事実という意味からすると，ソフトバンクが，すでにこのサービスを開始している。それだけに「何を今さら」と思う向きもあるかもしれないが，放送局各社もソフトバンクに対して，いろいろと意見書を出しているものの，まったく相手にされず返事がこないということのようだ。ARIBのTRには則していないものの，違法サービスであると糾弾できるわけでもない。そこが，こうしたサービスの難しさであり，ルールメイクが遅れると，次々と既成事実を先に作られてしまうものが出てくることであろう。

　昨年の年末にかけて，放送事業者と家電メーカーがいろいろと話し合って，双方が合意できるルールメイクをしてから，正規のサービスを始めようということになったらしい。

　家電メーカーも，こうしたサービス展開のできる機器をすぐにでも作りたいところなのだろうが，放送事業者との長い付き合いもあり，何となく，勝手に商品化してしまうのは後ろ暗い気持ちになるからだといわれているので，まだまだ日本は行儀の良い国だといえるのではないか。

　さて，いろいろと話し合われた結果として，リモート視聴サービスが実現してくると思われるが，あまり神経質にならなくてよいような気もするのである。

　往々にして，こうしたサービスに危機感をもつのは，技術に強い人が多いように思われる。技術に強いがゆえに，簡単に操作できてしまい，それについて心配になってくるのではなかろうか。もちろん著作権も絡む問題なので，技術上の問題だけではすまないのだが，そうはいっても，実際に操作してみる限り，そう簡単に使いこなせるものではないという気もしてくる。

　アナログ放送時には，リモート視聴サービスとして，ソニーから

ロケーションフリーが売り出された。それを「業」として営む者が現れ，「まねきTV事件」として知られることになる。あくまでも個人の私的利用であれば，著作権上の問題は発生しないのだが，「まねきTV」の場合には数十件の人たちから，ロケーションフリーに必要な機器を預かり，運営管理を行っていたため，あくまでも「業」であり，私的利用ではないと判断されたからだ。

今回のリモート視聴は，私的利用であることが担保されるべきであることに重点を置いて，そのサービス仕様が検討されたという次第である。

「まねきTV」が争点になった理由

もちろん，ロケーションフリーのときもそうであったが，技術に強い人には簡単に操作できるようであったが，そうでない人からすると，意外とうまく使いこなせないことも確かであった。

あまり論点とはされなかったようだが，どうして「まねきTV」がビジネスとして成り立っていたのかということに，もっと注目すべきなのではないかと思うのである。

すなわち，自分ではうまくセッティングできない人たちが多いから，それを委託してやってもらうことになったというのが現実だったのではなかろうか。誰もが簡単に設定できるものであったのならば，わざわざ「業」として営む事業者に任せる必要は無かったはずだからである。

そう考えると，この手のサービスは利便性が優先して紹介されがちなものであるため，ついつい危険視されることになるようだが，肝心の使い勝手のほうは，間違いなく多数派であろう技術音痴の人の意見も聞いたほうが良いように思う。

中高年だから技術音痴なのだろうといってすませてしまってよいものかも疑問である。携帯・スマホ・ゲーム世代の若者たちからすると，リモート視聴の設定など簡単に行ってしまえるだろう。
　ただ，若者のテレビ離れという現象も無視できない。テレビ離れをしつつある若者からすると，わざわざ外出先でまで自宅と同じ視聴環境など作らなくてもよいではないかということになる。関心のあるものについては，取扱い説明書に書かれている以上のことまでやれてしまうが，関心の薄いものについては面倒になれば放り出してしまうということが容易に想像できる。
　外出先でテレビが見られないのは仕方のないことで，別にそれならそれでよいではないかということである。ワンセグ放送もあるのだから，どうしても外出先でテレビ放送にアクセスしたければ，ワンセグ放送を使えばよいと思う感覚のほうが自然である。
　それでも，ワンセグ放送を視聴するという感覚が残っていればまだしも，日本では特に人気の高いiPhoneでは，ワンセグ放送を視聴できない。しかし，ワンセグ放送を視聴できないことへの不満はほとんど無いからこそ，iPhoneの人気に陰りが見られないのだろう。
　結果として，中高年には使いこなせない人が大勢いるし，若者はわざわざ使いたいと思わないだろうということが容易に想像されるのである。
　上記のような事情からすると，リモート視聴というものが，実際にどれくらいの人に使われるかも疑問に思えてくるはずである。
　いろいろと検討された結果としてのリモート視聴とは，親機1台に対して，子機は6台くらいまで認めるとか，1台の子機が親機にアクセスしている最中は，残りの子機はアクセスできないようにするとか，録画コンテンツを子機のほうにムーブできないようにする

とか，他にも録画コンテンツを再生する際に，CMの先送りを認めるかどうかで議論になったようである。

　そういった制約を設けることは，著作権ビジネスを尊重する考え方からすると，当然のことと考えられなくもない。一方，若者たちからすると，それほど熱心に使いたいとも思っていないのに，妙に制約が多いということになると，簡単に背を向けてしまうことになりそうである。

　リモート視聴が本当に便利なサービスかと問われれば，それはできないよりはできたほうがよいだろうとは思うのだが，使い勝手という視点からすると，どれだけの需要があるのかは見極めにくい。使いこなせるであろう若者たちが，そうまでしてテレビ放送を見たいわけではないことを理由に，他所を向いてしまわないようにしないと，広く普及していくのは難しいように思えてならないのである。

決め手はウェブアプリ

　ハイブリッドキャスト対応テレビと，スマホやタブレットをセカンドスクリーンとしてシンクロさせる環境が着々と整えられている。対応テレビにセカンドスクリーン端末の認識をさせるためには，スマホやタブレットにコンパニオンアプリをダウンロードする必要がある。今のところ家電メーカーごとに異なるものとなる予定だが，どの家電メーカーにも共通で使えるものの開発や，コンパニオンアプリを使わずに機能させようといった試みにも取り組まれている。

　新たなサービスには，急速な進化が付き物でもあるため，今後どういった方向に向かうかは注目されるが，肝心の視聴者をユーザーとして定着させていくためには，実際にどのような魅力的なサービスが提供されるのかというウェブアプリのできがモノをいうことに

なりそうである。

　今の環境で想定される動きとしては，コンパニオンアプリが，ウェブサーバーにウェブアプリを探しにいくスタイルが想定されている。そうしていろいろなコンテンツをダウンロードしてくるということで，各局とも魅力的なコンテンツとは何なのかを検討しているところである。コンパニオンアプリの共通化や，もしくはそれを使わない方法が検討される理由は，メーカーごとに異なることによって，見え方に違いが出てしまわないようにという思いがあるからである。そうした議論の行方の決め手となるのも，多くのユーザーに支持されるような魅力的なウェブアプリが出てくることが一番のように思われる。

　もちろん，家庭のテレビがベースとなるサービスであるだけに，緊急地震速報の際などに即座に画面が切り替わることは当然としたうえで，ハイブリッドキャストの場合には，2つのキーワードが約束事として決められている。

　そのひとつが安心・安全ということである。テレビの画面であれ，セカンドスクリーンの画面であれ，ネットにつなぐことから，そのネットのリンクをたどっていくと不適切なコンテンツにたどり着く可能性がある。それを遮断するために，バウンダリー制御，すなわち不適切なコンテンツにはいかないようなコントロールが施されることになっている。つまり，ハイブリッドキャストを通じて，ネットにつながって表示されるコンテンツというものは，小さな子供から大人まで，家族全員で見ていても，不適切なコンテンツが表示されないようなガードがかかることになっている。

　もうひとつがオープン性である。こちらはまさに，ウェブアプリを制作できる事業者を幅広く，新たにハイブリッドキャストの世界

の方に呼び込もうという動きである。ウェブアプリを作りたい事業者が自由に手を挙げて，放送事業者と組んで展開していくことを可能にしたものである。また，ウェブアプリの自由度という観点からは，現在進行形の放送マネージドアプリというものに加えて，放送外マネージドアプリというものも，来年くらいから検討の俎上に上がろうとしている。放送外マネージドアプリとは，例えば，放送局横断で使えるアプリであり，複数の放送局で共通に動くアプリが挙げられる。

こうしたアプリは，サードパーティーの事業者が取り組む可能性があるので，それを認めることによって，オープン性が高まると考えられる。そういう意味では，ウェブアプリの制作というビジネスが，ハイブリッドキャストという場でも大きく広がっていくことになるだけに，それが進むことによるサービスの多様性にも大いに注目されることになるだろう。もちろん，ひとつ目の安心・安全というキーワードもあるので，自由に走るあまり度を越えてしまうようなことは避けられるよう，歯止めがかかることになる。

データ放送が変わる

今のデータ放送は，放送局ごとに情報を放送波で送っているので，なかなか不便な点があるのと，それゆえに，放送局横断で動くアプリを連動させにくくなっている。

これはBMLという言語の問題もあるが，方式としてデータカルーセルという，データ放送のコンテンツを，サイクリックに送っていることにもよる。だから，dボタンを押したときに近くにあるコンテンツ，すなわち時系列的にすぐ届くコンテンツを取り出すのであれば，比較的早く表示されるのだが，なかなか届かないようなとこ

ろのコンテンツを取り出すためにdボタンを押したときには，表示されるまで待たされることになり，それによるストレスがかかってしまう。ハイブリッドキャストでは，そこはネットに直接つないでいるので，クリアされることになる。ただし，それがクリアされるからといって，魅力的なウェブコンテンツが出てくるという保証はない。

　そういう意味でも，放送局横断を一例としてもつ放送外マネージドアプリにも期待が寄せられる。試行的な意味合いも込めて放送局横断アプリは2013年のNHK技研公開でも披露された。

　日テレの「キューピー3分クッキング」や，TBSの「王様のブランチ」，「はなまるマーケット（番組終了）」といった番組では，食事をする場面や料理を見せる場面が多く，レシピのようなものが欲しいシーンがたくさんある。それからNHKでも「サラメシ」というサラリーマンの昼食を扱った番組があって，そこでもお店の情報が必要とされる。そうした共通性のある番組については，放送局を横断するアプリを作って，レシピを自動的に取得するといった仕掛けは，あまり複数局連携による弊害を心配せずにすむ。放送局を横断するアプリを作って，それをセカンドスクリーンにダウンロードしておくと，そういった番組で紹介されるレシピが，上手くアプリケーション上で動くようなトライアルがNHK技研でも展示されたのだが，こうしたアプリは，サードパーティーの事業者が作ったほうが使いやすいといえるのではなかろうか。

　サードパーティーと組んででも検討しようというのは，放送局の人間だけが考えても，そうそう魅力あるコンテンツが出てこないという思いがあるからだろう。本来の放送サービスは流したところで終わり，なおかつ高視聴率を獲ることを目的として一義的に制作に

携わっているとすると，ある意味では，それだけでも大変なことであるので，さらにそこにネットコンテンツをシンクロさせて楽しむことも含めて考えるよういわれたとしたら，結構な負荷になることは間違いない。

SNSと連動させるといった試行的な番組が次々と作られるようになったが，どうしてもあれが保守本流だとは思えないのである。やはりゴールデンタイムのど真ん中で，まずは高視聴率を獲ることが最優先となっている番組で，ネットコンテンツのシンクロを成功させてみせないことには，いつまで経っても「試行的」という言葉から離れられない。

民放の場合には，NHKと違って，制度上のいろいろな制約があるわけではない。しかし，NHKは意識しなくてもよいCMスポンサーとの関係を，民放は決して疎かにはできない。NHKも民放もそうした制約をいかにしてクリアしていくかが肝心であるが，視聴者あってのビジネスであるだけに，視聴者が喜ぶように，制約を乗り越えていくことを期待するばかりである。

民放の課題はCMの取り扱い

「Start Over」とは，いわゆるネットワークDVR（もしくはPVR）のサービスのひとつで，例えば，1時間番組の途中からテレビ放送を見始めた人が，途中からでなく，冒頭から見たいと思ったときに，それを可能にするサービスである。もちろん番組の冒頭に限らず，5分前，10分前，15分前といった遡りも可能である。NHKがハイブリッドキャストの特認事項として申請しているうちの「時差再生」とは，まさにそうしたサービスになる。

民放にとって，問題になるのはCMの取扱いが難しいからだとい

うことが以前より指摘されているところである。ただし，録画機が非常に普及している現状では，録画視聴されるとCMがスキップされる可能性があるということで，せっかく番組を見てもらえるのに，まったく何の収入にもつながらないという事情がすでにある。

そのためもあってか「時差再生」という単語自体にタイムシフト視聴のイメージが重なるので，最初から拒否してしまう放送マンが多いのも事実である。ただ，録画視聴されてもまったく収入につながらない現状を放置していると，番組予算は収縮させざるを得なくなり，結果としてよい番組が作れなくなれば，それを録画する人もいなくなるので，放送局にとっても，家電メーカーにとっても，明るい未来図は描けなくなってしまう。

そうであるならば，番組途中からでも遡って見る仕組みを有料で提供すれば，新たな収入源となる。もちろん，「Start Over」の利用者数は計測できるので，それをスポンサーに提示して，CM料金のアップにつながるのであれば，必ずしも有料サービスとする必要は無い可能性もある。何しろ，番組の途中から見ることになる人というのは，その番組を録画していなかった可能性が高いので，そういうサービスがあれば，とても便利であると思われるに違いない。

こうしたタイムシフト系のサービスを始めようとするときには，必ずといってよいほど，日本には大量の録画機が普及しているので，商売になるはずがないという指摘を受けることが多い。しかし，「見逃し」番組のVOD提供を始めたときにも同じ指摘はあったが，フジテレビがスタートさせ，NHKがスタートするという中で，次々と「見逃し」番組のVODサービスの提供が始まった。商売になることが分かってから参加し始めた局も多くあるわけだが，こうしたサービスは早く始めたほうが有利になることは間違いない。

当然のことながら、著作権処理を行うことは不可欠であるため、その分で先行するだけでも意味がある。「見逃し」番組のVOD提供が始まったばかりのときには、対象番組が少なかったことは確かだが、少しずつその数を拡大していくことができたことに加えて、放送終了後には、「見逃し」番組のVOD提供としてではなく、アーカイブスのVODとしても売れるため、ラインナップは厚みを増すばかりということになった。そして、早々に始めたところから黒字に転換していくわけだが、スタートの早かったところほど、黒字になるのも早いというのが実情のようだ。

　著作権団体も、録画機の普及を知っていることから、本当にビジネスとして成功するのか疑問に思っているうちは、許諾に要するコストもあまり高いことはいわないからである。ビジネスとして成功すると分かったときには、関係者すべてがそれを知っている状況になっているので、著作権料の交渉も高めになっていくのは当然の成り行きといえる。

Start Overの潜在力

　「見逃し」番組のVOD提供が間違いではなかったことからも明らかなように、いくら録画機が普及していようとも、Start Overが成功しないという論法は説得力を欠くように思われる。

　最も大きい問題は、CMの取扱いである。CMにも著作権はあるし、「今度の週末に！」といった賞味期限のあるCMも存在する。ただ、「見逃し番組」のエンコーディングに時間を要するので、早くても放送から2、3日が経過してからでないと視聴できない。そのインターバルがCMの賞味期限とのアンマッチにつながるのである。著作物としての権利処理を要する点については、逆にCMに限ったこ

とではないということもできる。

　しかし，Start Overは，1時間番組を途中から見ることになってしまった視聴者が，それより前に遡って見られるというサービスなので，放送との時差が少ないことから，CMの賞味期限の問題は発生しないと思われる。

　また，1時間番組のうち，その機能が使えるのは放送開始後59分までというように定めて，放送が終了してしまったら使えなくなってしまうようにもできる。ネットワークDVRにはCatch Upという機能もあって，放送終了後から短時間の間に視聴できるというサービスもあるのだが，それまで含めてしまうと，いろいろな課題を一度にクリアしなければならなくなり，いつまで経っても実現しないことになってしまう。そこで，放送終了後の番組については，これまでと同様に「見逃し番組」のVOD提供を待つしかない。「見逃し番組」の対象となっていないときはどうするかという問題もあるが，そういうときこそ，それなら忘れずに録画しておいてもらうしかない。

　Start Overの提供スタイルとしては，番組を遡って見ることはできるけれども，早送りの機能はないようにもできる。そうすればCMがスキップされる心配もない。ただ，10分遅れ，15分遅れで視聴できるようになり，まして早送りができないとなると，次のタイムテーブルの番組に悪影響が及ぶということを懸念する人も多い。

　しかし，それは同じチャンネルを見続ける人がいるという前提の懸念なので，やや心配のし過ぎという感も否めないが，それを克服しなければ実現できないというのならば，次の番組でもStart Overを使ってもらえば，ちゃんと最初から最後まで見てもらえるし，CMがスキップされることにはならない。

昨今は何かにつけて,「日本が世界に先駆けて」というスローガンが掲げられるが,Start Overでもそれを主張できないことはない。海外で行われているStart Overの場合には,番組の冒頭にしか遡れないとか,レートが低いので画質が悪いという声も聞く。その点では,日本ではフルハイビジョンで提供できるので世界の先端といえないこともない。

あとは,番組の種類によっては,権利処理が非常に難しいものがあるので,Start Overが難しいといって,サービス全体をまるまる否定する人もいる。しかし,繰り返すようだが,「見逃し番組」のVOD提供でも,最初はほんの一部の番組だけで始めたことを忘れてはなるまい。Start Overもそれと同じだと考えて,できるところから少しずつでも始めればよいのである。「でも,次の番組が・・・」という懸念があるのなら,むしろ「見逃し番組」のVOD提供よりも早く対象コンテンツの数を増やせそうな気さえするのだが,どうであろうか。

セカンドスクリーン活用と広告収入の可能性

スマートテレビの次なる方向性は,NHKと民放キー局各社が進めているハイブリッドキャストなのか,大阪の毎日放送を中心に進められているSyncCastなのかは,いろいろと議論のあるところだと思う。

ただ,ハイブリッドキャスト対応のテレビ受信機の普及に時間がかかりそうなことと,テレビ受信機とネット回線の接続率向上にも時間がかかりそうであるからか,現状では,いずれも,スマホやタブレットといったセカンドスクリーンを使って,テレビ放送と連動したネットコンテンツを楽しむスタイルが標準となっており,あく

までも現時点のことではあるが，両者は一見する限りでは，あまり違いが分からない状況にある。

　放送番組とセカンドスクリーンを連動させて楽しめるようにする目的のひとつは，リアルタイム視聴の促進であり，これまでのデータ放送と連動させる方法に加わったという認識である。もうひとつの目的が広告収入を得ることだが，それに比べると，リアルタイム視聴促進は分かりやすく，効果も比較的，期待しやすい企画といえる。

　ただ，広告収入との関係になると，それは簡単ではない。SyncCastの起案母体としてスタートしたマル研では，早い段階から関西の広告代理店も組み込んできただけあって，広告収入を何とか追加で得られないかという熱意が感じられる。

　今の段階で効果を云々しても意味がないことについては，ハイブリッドキャストのほうも同じであり，もう少し広く参加視聴者数を増やすことが先決であることは間違いない。

　それを前提としたうえで，いずれ必ず起こってくる問題が，テレビ広告料金の決め方の尺度の調整である。

　今のテレビ広告料金は，GRP（延べ視聴率）によって決まる。例えば，視聴率1000%で1億円という決め方をしたとする。視聴率20%が取れれば，そのCMを50回放送すれば良いことになるし，視聴率が10%であれば，同じCMを100回放送しなければならない。

　テレビ放送の全盛時には，売り場面積が1日に24時間しかないということで，視聴率1000%の達成も容易だし，当然のことながら，既存のCMスポンサーが大切にされることから，テレビCMを出稿したいと考えても，かなりハードルの高い状況にあった。

　しかし，テレビ放送の勢いがやや落ち込んでくると，それまでと

は異なり，2ヵ月先，3ヵ月先のスポンサーも決まらないという事態になり，前出の例でいえば，1000%でも1億円でなく8,000万円しかもらえないという状況になった。

　今は再び勢いを取り戻しつつあるようなので，取引条件も元の姿に戻れることが期待されているが，GRPが大事である以上，民放が視聴率にこだわるのは当然のことといえるのである。

　さて，そこにセカンドスクリーンを連動させることによって，高視聴率の源ともいえるリアルタイム視聴の促進が進められている。

　しかし，SyncCastの試みの狙いは，テレビ本体での放送視聴率に加えて，セカンドスクリーンの広告機能をアピールすることによって，広告料金の上乗せを目指そうということである。

　テレビ本体でのリアルタイム視聴にばかり頼っていられないというスタンスは民放に共通するものであり，ワンセグ放送がまったくカウントの対象とされなかった経緯も踏まえて，新たなスマートテレビのサービスであるリモート視聴についても視聴率カウントができないかといったことが検討されている。そうした思いは全国の民放に共通するものなので，ハイブリッドキャストを支持する局であれ，SyncCastを支持する局であれ，変わることは何もない。

　ただ，セカンドスクリーンをテレビ放送と連動させて広告料金を上乗せしようというのは，目指すところは非常に正しい考え方であるといえるのだが，どうしても尺度の違いの調整が必要になる。

スポンサーにアピールするための指標の統一は？

　番組の放送中に，セカンドスクリーンにアクセスした数がどれだけあったとか，セカンドスクリーン上でのCMにもアクセスされたという数が示されることになると思うのだが，一方でGRPによって

広告料金を決めていることからすると，視聴率何%がセカンドスクリーンへのアクセス数のどれだけにカウントできるのかといった問題は必ず出てくる。

そうしたものは広告主協会，広告代理店，放送局が相談して決めてしまえば，それがルールになっていくとは思うが，お金を支払う側と，お金を受け取る側の話し合いというのは，それほど簡単なものではない。

今はまだまだ母数自体が小さいので，議論するに至っていないが，セカンドスクリーンとテレビ放送の連動が高まれば高まるほど，特に放送局側はあまり先延ばしにばかりしたくないという思いも出てくると思われる。

また，セカンドスクリーンに番組連動のアプリをダウンロードする際には，あまり細かな個人情報の提供を求めても，ダウンロード数は減るであろうし，提供された側も管理が煩雑でしかないということがある。それでも，居住地はどのあたりか，男女のどちらか，年齢は何十代かといった程度のことは比較的容易に入手できる傾向にある。

長年の課題としていわれてきたことに，放送局は広告宣伝予算ばかりを狙うのではなく，販売促進予算も狙うことができれば収益力を高められるという指摘がある。

実際に多くの企業において，販売促進予算は広告宣伝予算をはるかに上回る規模で計上されている。ただ，企業が行うマーケティングは相当にシビアなものなので，仮にセカンドスクリーン上で取れた情報をベースに話をするのであれば，本当に膨大なアクセス数が無ければ，議論の俎上にも載らないだろう。長く世話になってきた広告宣伝部門の前を通り過ぎて，販売促進部門に足しげく通う姿も，

不信感を募らせる結果にしかならない。

　セカンドスクリーンだけでなく，テレビ本体でハイブリッドキャスト機能が多くの人に駆使されるようになって，これだけの数の人たちが双方向のサービスを使っているということが証明されれば，販売促進予算の使い道のひとつとして検討されることになるかもしれないが，今の段階では，あまりに「たら，れば」に過ぎるかもしれない。

　また，セカンドスクリーンをテレビと連動させて楽しむ人たちの年齢層や性別には，それ相応の偏りが見られるであろうことも留意しておくべきである。少なくとも，今の高齢者はあまり使わないように思われる。今の中高年で，常日ごろからスマホやタブレットを愛用している人たちが，いずれ時を経て，高齢者層になるころには，そういう偏りも解消されるかもしれないが，そうそう先の話をしているわけにはいかないのがビジネスの世界である。

　このように述べてくると，せっかくのセカンドスクリーン連動があまり役に立たないと主張していると誤解を受けるかもしれない。そういう意味では役に立たないとは考えていない。

　もしも再び，テレビ放送の広告媒体機能が下がり始めるようなことが起こるかもしれないと心配するならば，そうした状況に歯止めをかけるとか，そうした状況自体を起こさないようにするには，セカンドスクリーンとの連動は意味があると考えている。

　つまり，最低限でも今のレベルは維持していこうというツールにはなるということだ。あとは，若者のテレビ離れが深刻化している現状を考え，若者にとって，無くてはならない存在のスマホなどをセカンドスクリーンとすることで，テレビ放送への回帰が図れれば何よりであると思う。

セカンドスクリーンとの連動はまだ始まったばかりに近く，それも試行的なものが多い。結論を急ぐ必要はまったく無いと考えるが，ターゲットとする目標は，比較的多様に捉えていたほうがよいように思うのである。

視聴履歴の難しさ

スマートテレビ的なサービスが普及していくこともあり，コンテンツを視聴した人の視聴履歴も取りやすくなった。もちろん，視聴履歴も立派な個人情報であるため，何の許諾も得ずに収集して，そのデータを何らかの目的に使うことは許されない。

しかしながら，スマホのアプリを購入する際と同じくらいの軽い感覚で，規約をいちいち読んでもいられないので，サラリと目を通すことすらせずに，「同意します」というチェックボックスにレ点を入れてしまうのも普通だろうから，許諾といっても，それほど拒む人もなく収集できるであろうことは想像に難くない。

視聴履歴もそのひとつであるといえばそのとおりであるが，個人のプライバシーとは別の事情で，その取扱いの難しさを感じるのである。

普通ならば，視聴履歴の使い方は，こうした傾向のコンテンツを多く見るのだなという情報を得て，それと似たコンテンツをリコメンドすることに使うことになると思われる。

ただし，視聴履歴はそのコンテンツを視聴したというデータにしかすぎない。視聴した結果，とても面白かったと思う人もいれば，あまりにつまらなくて，見るだけ時間の無駄だったと思う人もいることを忘れてはなるまい。

あまりにつまらなければ，途中で視聴をやめてしまうこともある

だろう。しかし，それもデータとして捉えることは難しい。面白いと思って見ていたのだが，途中で急用ができて見るのをやめてしまい，そうこうしているうちに視聴可能期間を過ぎてしまうこともある。途中で視聴をやめたとしてすら，それだけの違いがある。

そう考えれば，視聴履歴というものも，ただ視聴したというデータにすぎず，その満足度まで示してはいない。ところが，その視聴履歴をベースにして，リコメンドなどが行われると，見るだけ時間の無駄だったというものも含まれてしまうので，リコメンドにさえ煩わしさを感じることになるだろう。

視聴履歴をベースとして，コンテンツのリコメンドを行う仕組みを作るのにも相応のコストがかかってくる。それなのに，そのリコメンドが迷惑であるとしか思われなかったら，システムを構築するのに使ったコストは逆効果にしかならない。

そうした問題は，ネット系の通販などで購買履歴をベースとしたリコメンドが行われるケースと同じことではあるのだが，履歴の取れる頻度を考えれば，視聴履歴のほうはもう少し有効に機能するようにしたいところである。

コンテンツを視聴し終わったところで，その評価や満足度を5段階くらいの☆マークで示してもらえば，☆の少ないコンテンツは履歴から外すというようにできないことはない。しかしながら，そうすればしたなりの追加投資が必要になるので，本当に有効であるかどうかの判断も欠かせない。

人にはいろいろな性格の持ち主がおり，よっぽどつまらなかったコンテンツでなければ，☆が3つか4つかなどを悩むのが面倒なので，片っ端から☆5つにしてしまうことも考えられる。つまり，つまらなければ，☆はゼロ，もしくはひとつくらいであり，そうでも

なかった場合には☆5つにしてしまおうと考える人もかなり多いと思われる。

　視聴者が自分の視聴履歴を参考にしてもらい，その好みにあったコンテンツを紹介してもらいたいと考えるのなら別だが，そこまでサービサーにとってウエルカムな人ばかりではないことは肝に銘じておいたほうがよいように思われる。

　仮に次のステップとして，リコメンドしたコンテンツがどれくらい見られるのかというデータも取れたらよいと思われるが，そのコンテンツについても必ずしも満足されたかどうかは分からないという事情は変わらないので，視聴履歴の有効性を判断することは本当に難しいことになる。

　まして，そのときの気分もあるわけなので，たまたまそういうコンテンツを見たかったときがあっただけで，いつもそうしたコンテンツを見たいと思っているわけではないということもあるだろう。

　そう考えていけば切りが無いのだが，そうはいっても，せっかく視聴履歴が取れるのなら，それをベースとして次のコンテンツ視聴も促したいと考えることは決して間違いではない。否定的な事例ばかりを挙げてきたが，自分の好みのコンテンツが，とても的確に紹介してくれるのなら，非常にありがたいと思う視聴者もいるわけである。視聴履歴は取れているはずなのだから，自分の好みのコンテンツでありながら，そのコンテンツがあることすら知らなかったときなどに，リコメンドしてくれても良いではないかという不満をもたれても不思議ではない。

　テレビ局各社の人たちからすれば，もはや当然の認識であると思われるが，視聴者というのは，基本的に勝手であり，わがままなものである。そうかといって，それを糾弾することもバカげたことで

しかないということも，分かりきったことでしかないだろう。

しかしながら，VODに代表されるように，ケーブルテレビ大手MSOや大手通信会社が提供するケースも増えてきているだけに，テレビ局の人たちにとっての常識が，必ずしも同じ感覚で伝わっているかどうかは分からない。

リビングのテレビは

視聴履歴の難しさのひとつが，満足度が反映されにくいことだとすれば，もうひとつの大きな問題は，リビングに置いてあり，家族の皆がそれぞれ好きな番組を見ているときに，何をもって視聴履歴とするかである。

単純に測れば，滅茶苦茶なデータしか得られない。それだけでなく，へんにリコメンドがされるせいで，誰がこのようなコンテンツを見たのかというトラブルにも発展しかねない。

そういう事態にまでなってしまうと，もはや視聴履歴をベースにリコメンドが行われることは，迷惑でしかないと思われてもおかしくない。スマホをテレビのリモコン代わりに使うことにより，履歴は誰のリモコンで視聴されたかによって変えた出し方ができるようになるかもしれない。

それでも，家族であれば，たまたま手元にある誰かのスマホでコンテンツを視聴してしまうかもしれず，そこまで禁じるようなことにすると，家族が皆で一緒にコンテンツを見るという古き良き時代を，より一層，遠ざけることにしかならない。

以上のように考えると，視聴履歴が何の役にも立たなく思えてしまうが，逆の発想をもてばよいのではないかとも思われる。

つまり，視聴者が自らリコメンドを求めてきたときに，有効な情

報を提供するようにすれば，本書で述べてきたようなマイナス効果は払拭されることになる可能性もある。

　それこそ，スマホをリモコンとして使いながら，どういったコンテンツを見て面白いと思ったかということを，入力できるようにすればよいのである。もちろん，それをいちいち書き込んでいく作業は煩わしさにしかつながらないので，いろいろな切り口の選択肢を提示して，それを選んでもらうようにして絞り込んでいくようにすると使いやすいのではなかろうか。

　いきなり表示するのはやめるにしても，視聴履歴自体はデータとして残っているので，莫大な量の選択肢から選ばなくてはいけないことにはならない。

　そうした結果，自分の好みにあった新たなコンテンツと出会うことができれば，まさに視聴履歴がプラスの形で生きてくることになるだろう。

　どのようなデータであれ，何の工夫もしないで，単純なリコメンドのベースに使うだけでは，芸が無いといわれても仕方あるまい。スマートテレビがひとつの大きな潮流を作っていくとすれば，そうした満足度の高いリコメンド機能を提供できるようにすることも大きなポイントとなってくるのではなかろうか。

法改正により広がるNHKのネット展開

　NHKの業務範囲を規定している放送法が2014年6月に改正され，2015年4月1日から施行された。NHKとして，どこまでの情報をネットから提供するかという自主基準を作成している。2014年度中に，その自主基準を総務省に提出して承認を受けることになっていた。

法改正がすんだからといって，何をやろうと自由になるというわけではなく，引き続き，NHKと民放の二元性がバランスよく保たれることが求められる。ただ，これまでのように，時代に逆行しているとしか思えない束縛から，NHKが解き放たれる方向にあることは間違いないといえるだろう。
　総務省から承認を受けた後で，今度は総務省意見という形で，パブリックコメントが募集されることになり，必要であると判断されれば，パブリックコメントに寄せられた意見も反映された形で落着することになる。
　そうした経緯を経ることによって，2015年4月1日から自主基準の範囲内でサービスが展開できることになった。法改正になったからといって，何をやってもかまわないわけでないのは，NHKが公共放送だからであることを示している。
　2013年にハイブリッドキャストが始まり，その後の展開については，2014年度内を限度とするという条件付きで，総務大臣の特任の下，NHKのネット関連サービスの拡張業務が試行されていた。
　その枠組み自体は，あくまでも14年度いっぱいに限定されていたが，それが切れた後の2015年4月1日から，新しい法制度の下で，特任とは関係がなく，NHKが自ら定めた自主基準に基づいてネット対応を行っているということになっている。当然のことながら，ネット事業が大幅に広げられることが予想される。
　これまでの放送法によると，放送からの情報とネットからの情報では，放送中であっても，ネット情報を先には出せず，あくまでも放送終了後という縛りになっていた。
　具体的にいえば，サッカーの中継を行っていて，ハーフタイムが終わったところで，前半のハイライトを放送することはできても，

視聴者が自由にハイライト映像を楽しめるようなサービスは提供できなかった。ハーフタイムの放送後だからかまわないのではないかと思われがちだが，ゲームセットして初めて，放送終了後と見なすという，とても難解な制約に縛られていたのである。今は，特任業務として，放送中でもネットコンテンツは提供しているが，これだけ放送・通信の連携が取り沙汰されている中で，何とも不便な対応を強いられてきたということである。

これからは，放送との先後を気にすることなく，大手を振って，ネットから情報提供ができることになった。もっというと，今度の改正法では，放送前にも出せることになっている。放送前に出すとすると，どこまで出すか，何を出すかということが，議論のしどころになってくると思われる。

例えば，ドラマの第1回目だけを試写会のようにネットで出しておいて，視聴者に関心をもってもらって，オンエアに入るというやり方もあるかもしれないし，プロモーション的なミニ番組を作って，それを事前に出すという考え方もある。また，野球中継のある日に，野球中継自体は6時から始まるのだが，もう5時くらいからネットにつないでおいて，練習風景が見られるようにしておいて，放送が始まったら，テレビ放送を見てもらうというやり方もある。放送前のネット提供ができることになると，かなりの広がりが期待できるようになる。

ハイブリッドキャストの画面からNODへの誘導ということも準備しているようであり，それも来年度のどこかで，始まる見込みである。今は，アクトビラのポータルサイトの黄色ボタンを押して遷移するということを，BMLベースで行っているが，これをハイブリッドキャストのHTML5で実装することにして，おそらく最初は

ハイブリッドキャストのホーム画面にNHKオンデマンドというボタンを出して，ポータルに飛ぶとか，大河ドラマが終わったときにアイコンが出てきて，大河ドラマの先週までのものが並べてあるページに飛べるようにするところから始めることになるはずである。

その次の段階としては，過去30日間の番組表の中にNODにつながるアイコンを出すということも考えられる。放送番組のIDとNODの番組のIDの紐付けをしなければいけないので，そこの仕掛けを作る手間が必要になる分だけ，少し時間がかかりそうだと聞いている。それができれば，オンエアの放送とネットからの見逃し番組視聴との紐付けが容易になるので，想定していた基本的な機能が実現できるのではなかろうか。

NHKが作る自主基準は，大枠で決めればよいということになっているようだ。放送前，放送中，放送後にこういうことをやるという，大枠の書き方をすることになるのだろう。確かに，いちいち，どんな番組で何をやるといった細かなことは書くほうも，チェックするほうも手間でかなわないだろう。

もちろん，ハイブリッドキャストだけでなく，他のネットのコンテンツも全部，その枠の中に入ってくる。そのため，受信料の範囲内では，こういうコンテンツをネットから提供するといった大枠を決めておき，細かいところは，インターネットの自主基準のようなものを，毎年作ることになるので，そちらに記載する方向で詰めている。

NHKが自主基準を作り，そこに総務省の手が加わったところで，パブリックコメントを募ることになるので，民放連や新聞協会はこれまで同様に，何らかの意見を出してくると思われる。

VODへの誘導

　おそらく，NHKがやろうとしているNODにつなげるという考え方も，ビジネスモデルが違うので，ぴったりと当てはまりはしないかもしれないが，技術環境などについては，民放も同じものを使える。それをNHKが先導的にメーカーと交渉しながら細かいスペックを決めるとか，テストストリームを作ろうとしている。NHKは当然，それをオープンにしていくので，その経験値は民放にも使ってもらえるということで，そこは民放にとっても悪い話ではないだろう。

　NHKの内部では，今度の法改正を受けて，何か新しいことをやろうということで，制作陣からもいろいろなアイデアは出てきているようだ。自主基準を決める人たちにとっても，制作の人たちが何を考えているかを知っておく必要があるので，実現するタイミングは別として，どんなことをやりたいかというプランを募集してみると，本当に多種多様なものが集まってくるという。

　ネット活用が不便であっただけに，やや不満に思っていた制作陣からすれば，これまでの思いも含めて，アイデアが多数出てくることに不思議さはない。

　あとは，それを整理して，権利上の問題がクリアできるものや，民放から反発されないようなものから順次，実現させていこうということになるはずである。

　さらにいえば，NHKには放送とネットで同時送信をすべきだという幹部もいる。ただ，それ相応のコストもかかることだけに，どこまでのニーズがあるのかということは，十分に検証したうえで進めるべきだろう。

オリンピック，ワールドカップ，WBCといったイベント時にはリモート視聴のニーズも出てくると思われるが，平時においては，どこまでテレビ放送が不可欠かということも，見極めどころだろう。ワンセグ放送がどれだけ利用されているかといった実態も踏まえて，慎重に対処すべき問題であると思われるし，民放についても同サービスについてはまったく同じように考えるべきだと思っている。

ハイブリッドキャスト，着々

　次世代放送をめぐる議論では，どうしても4K／8Kといった高画質放送のほうが注目されがちだが，実はその間も，着々とハイブリッドキャストのサービスメニューおよび利用者が拡大してきている。ハイブリッドキャスト対応テレビの出荷台数が120万台を突破して利用可能者が増えた。背景には，売れ筋の4Kテレビがハイブリッドキャスト対応になっているということもあるようだ。

　まだ特定の番組に限られるとはいえ，TBSテレビ，WOWOW，名古屋テレビ放送と，民放も続々とトライアルから実サービスの段階に移りつつある。基本的にはBMLのデータ放送部分がHTMLになっていく状況と思われるが，明らかに使い勝手は向上するので，拡大していくことはあっても縮小していくことはなさそうだ。

　NHKは2014年9月29日から総合テレビに加えてEテレと，2つのBSチャンネルのすべてのテレビ放送でハイブリッドキャストのサービスを始めた。例えば，Eテレの「しごとの基礎英語」という番組では，放送が始まってしばらくすると，dボタンを押さなくても，ハイブリッドキャストのコンテンツが立ち上がるという仕掛けになっている。出演者の篠山さんが英語で話している内容を，英語で見たり，日本語で見たりできる。基本的には対応テレビが必要な

のだが，スマホだけでも，ホームページがあるので，その日のスキットの発音を聞くことができる。

　ただ，これからはハイブリッドキャストの普及に合わせて，番組そのものの中でいろいろと英語を学びながら，それが終わったら復習も兼ねてホームページを開くようにすると，そこにはもう先週のスキットが並んでいる形になる。

　ハイブリッドキャストからきたネット情報と，それをきっかけに，ネットに置いてあるウェブサイトのほうにつながっていくというパスがちゃんと作れるようになってきたので，テレビをきっかけにネットに置いてあるものにもすぐつながるし，ネットを見ながら，次の日の放送も見ようという大きな循環ができつつあるように思われる。

　やはり対応テレビの120万台突破が大きいと思うが，無線LAN環境でもネット接続できるようになったことも見逃せない。おそらく，今までにdボタンを押す習慣は大分ついてきたといわれているので，そうして見ている人が，ハイブリッドキャストの利用に移行している印象が強い。

　火曜日には「あさイチ」の中で，ハイブリッドキャストの双方向クイズをやっているのだが，もちろんハイブリッドキャストなので画質もよいし，動きも出てくるとはいえ，引き続き，データ放送でシンプルに色ボタンを押しているという意識での参加だと思われる。

　対応テレビを買った人は，データ放送でも参加していたとすると，少し綺麗になったと思うかもしれないが，これまでの視聴習慣で参加しているので，ハイブリッドキャストを使っているとは認識されていない可能性も高い。せっかくの利用者に意識してもらうためには，ハイブリッドキャストだと分かる追加の演出も必要なのかもし

れない。

欠かせない認知度向上

　ハイブリッドキャストの特任サービスを始めた当時は，利用者が数百という規模であったのが，今では日々のユニークユーザーも数万という規模に近づきつつあるという。それだけに，これまでのデータ放送でなく，今はハイブリッドキャストで参加しているという認識を広めることにより，利用者数はさらに増加していくことになるだろう。

　テレビとネットを接続していることが，ハイブリッドキャストを代表とするスマートテレビを活性化させるうえでのポイントになるのだが，昨年の調査では全世帯の14％程度という低いレベルにあったものが，今年は一気に28％まで増加したと報告されている。わずか1年間で倍の数字になったということは，今後は結線率だけが課題だとはいえなくなることを示しているように思われる。

　量販店でテレビの配送をするセクションの人たちは，テレビとアンテナをつなぐサービスもしているので，加えて，ネット接続もやってもらえないかという働きかけが重要になってくるだろう。

　量販店のネット環境が思わしくないのは今に始まったことではないので，ハイブリッドキャストを試す環境を用意することは難しそうだ。それでも，製品に付いているプライスタグにはいろいろな機能が書かれているが，そこにハイブリッドキャスト対応機種という表示を書き加えてもらうことも効果的と思われる。また4Kテレビでハイブリッドキャスト対応のテレビも多いので，ネットとつなぐといろいろと便利であるといった説明を付け加えてもらうとよいと思う。しかし，肝心のユーザーがそれを購入して，ネットにつない

でサービスを使っているのに，それがハイブリッドキャストだということに気がつかないようなケースは鋭意，減らしていくべきだろう。認知度の向上が最大の課題であることは，どのサービスにも共通していることである。

　タブレットなどのセカンドスクリーンと組み合わせて機能させるパターンは多く使われており，民放の立場からすると，それがリアルタイム視聴の促進につながるとよいということだろう。

　タブレットやスマホと連携させて楽しむにしても，対応テレビが普及していけば，より幅が広がると思われるので，量販店の店頭でのアピールが非常に重要なことに変わりない。4Kテレビは，基本的に大型であるということと，何となく値段が高くても仕方がないといった思いが自然と広まっているので，量販店のモチベーションが偏るのも無理はない。

　一方，ハイブリッドキャストや各局のオンデマンドサービスを店頭で見せても，テレビの値段が高くなる理由として説明できないので，それを売るくらいなら高価なレコーダーを売ったほうがメリットがあるというのが量販店側の本音だろう。ハイブリッドキャストのほうが，本当なら売る側より買う側にメリットがあるはずなのだが，そこを強調できないところに，放送局と量販店との駆け引きにおいて放送局が負けているというのが実態である。

　ただし，ハイブリッドキャストも着々と広がりつつある中で，2015年の4月以降は，改正放送法の下，NHKが策定した自主基準に基づいて放送のネット連携がかなり自由に行えるようになった。プロ野球の中継は18時からなのだが，17時くらいからネット経由で練習風景が見られて，18時になったらテレビ放送を見てもらうといった仕掛けも可能になった。

量販店としても，いつまでも「4Kだから」という理由で，高価なテレビを販売するのは難しくなってくるタイミングになるはずなので，そういう仕掛けも，できることとの合わせ技での販売手法になっていってもおかしくない。そうすると，4Kテレビを選んでいるユーザーも，どうして17時から練習風景がテレビで見られるのだろうと関心を惹かれるはずなので，ハイブリッドキャストの機能が売り物になってくるわけである。

　今の着々とした取り組みを通じて認知度を向上させていきながら，来年度以降は画質と機能の合わせ技で普及させることができれば，本格的な展開もしやすくなるだろう。今はまず認知度向上が先である。

第4章

2016年の
4K, 8K, スマートテレビ

4K，8Kの本格的試験放送の開始

　2014年8月29日に，4K放送，8K放送のロードマップについてのフォローアップ会合が行われ，2016年からBSのチャンネルを使って，時分割で4K放送を3チャンネル，8K放送を1チャンネルの試験放送が行われることが決まった。

　当時の関係者からすると，まずは2016年のところまでを決めておきさえすれば，それ以降の方針については，まだ別の描き方もできるということで，2016年までの方針が固められた経緯にある。

　地上アナログ放送の停波は，当初予定どおりに2011年7月24日に完了したのだが，その時点でもデジタル放送を受けられない世帯がそれなりに残ってしまった。そうした世帯を地デジ難民にしないようにと，ケーブルテレビによるデジアナ変換（デジタル放送を受信して，それをアナログ放送に戻して，伝送するサービス）や，ある程度の範囲で近隣にまとまった世帯があれば，共聴システムの構築も行われた。

　しかし，狭い日本であるとはいえ，要対策世帯が点在する場合などには，BS放送の1トラポンを使って，全国一波で，NHK，在京民放の放送を降らせることが最も効率的であったことは事実であり，BSによるセーフティーネットとして，地デジ化対策が講じられた。

　しかし，こうした対策には対象世帯の協力も必要であり，それがないまま続けていると，いつまで経っても対象世帯が減らないということになりかねない。

　そこで，ケーブルテレビによるデジアナ変換も，BSによるセーフティーネットも，2015年3月31日をもって終了させることとしたわけである。

その結果，BSの1トラポンが空くこととなるため，4K放送であれば3チャンネル，8K放送であれば1チャンネルの試験放送ができるようになった。もっとも，衛星もそう機動的に使用目的を変えられるものではない。3月31日まではセーフティーネットを行い，4月1日から4K，8Kの放送を行うというわけにはいかないのである。つまり，設備の改修には，半年から1年くらいの期間は要するのである。

　そのために，そのBSチャンネルを使った4K放送，8K放送の試験放送は2016年からということになったのである。

　一方，8K放送の実現に強い意欲を見せているのは，NHKだけであるため，コンテンツを用意するのもNHKが行えばよいことだが，4K放送の3チャンネルについては在京民放の数とは合わなくなるため，今回の試験放送の常として，放送免許はNexTV-F（次世代放送推進フォーラム）がもつことになる。

　NHKが撮った8Kの作品も4Kにダウンコンバートすることは可能であるのと，在京キー局各社は，いずれは自分たちも1チャンネルをもつつもりであることや，2014年10月から，ひかりTVが4Kの商用VODを開始していたことから，それ相応の数の4Kコンテンツはそろえてきており，そのコンテンツも投入しながら，3チャンネルの試験放送向けにもコンテンツ提供は可能であるため，試験放送の準備も整えられつつある。

　実はそれ以前に，2015年の3月から，スカパーが4Kの本放送を始めている。片や本放送を始めているというのに，その後に行われる試験放送にばかり注目するのはスカパーに失礼であるこことは確かだが，使える衛星が124/128度衛星になるため，そのためのアンテナを各世帯に用意してもらうことは，なかなか難しいこともある

が，そうかといって，ケーブルテレビによる再送信（正確には再放送）を認めるわけにもいかない。

　ケーブルテレビとしても，2015年3月31日にはデジアナ変換を終了させることから，再送信するだけの帯域は十分に確保できる。ケーブルテレビによる再送信が期待できるというのに，2016年に始まるBS上での試験放送にこだわるのは，放送としての伝送路の本命と考えられていることと，コンテンツの提供主体がNHK，在京民放各社ということになり，4K放送，8K放送の普及の鍵を握る潜在的な力が意識されているからだと思われる。

4K放送の受信機は心配無用

　受信機の無いところに向けて放送を行うことほど，不毛なことはない。ただ，4Kテレビのほうは，それを買っても4Kコンテンツはまったく見られないにもかかわらず，2014年4月から消費税増税前になる前の駆け込み的な売上げが見られた。2Kの放送も，4Kテレビで見ると，少し綺麗に見えるといった消費者心理が働き，それなりの普及を続ける形になったが，ひかりTVが2014年10から4Kコンテンツの商用VODを開始したことから，初めて4Kコンテンツが楽しめるようになり，4Kテレビがその本領を発揮していくことになった。2015年3月には，スカパーが4K本放送を開始しており，4Kコンテンツを楽しめる環境は着々と整っていくこととなった。そう考えると，2016年には4Kのチューナー内蔵テレビが，テレビ売り場の主役となっていてもおかしくはないはずである。

　2016年の試験放送は，そうした形で普及していった4Kテレビに向けて，本放送の主役となるであろうBS放送という形で開始される。受信機もそれなりに普及したところに向けて発せられることか

ら，試験放送と呼ぶのに相応しい体裁も整っていることになる。

確かに，携帯電話機やスマホの機種変更のサイクルとは異なり，テレビの場合は一度購入すると，6年から10年は買い替えずにすむ。また，いくら2011年の7月24日にピークアウトしたとはいえ，皆がギリギリまで待って買い替えたわけではなく，2003年の地デジの開始から順次テレビの買い替えが進んだことからすると，そろそろ次なる買い替え需要が出始めることも期待できるはずである。

2015年を経て，2016年には，量販店のテレビ売り場の主役は完全に4Kテレビになっていくはずなので，2016年の試験放送を受信できる世帯も相当な数が期待できるに違いない。そういう意味で，4Kの試験放送には，4Kテレビの買い替えをさらに促すだけの魅力あるものでなくてはならない。

試験放送だからといって，つまらないコンテンツばかりが並んでしまったら，せっかくの試験放送も，対応テレビの普及を止めてしまうことになりかねない。

ただ，日本人と，欧米をはじめとする諸外国の人たちとの，テレビ放送に対するニーズは明らかに異なっており，日本人は基本的に高画質を好む傾向が強い。

日本国内だけで議論していると，録画機の普及も世界有数であるという事実から，タイムシフトへのこだわりが強いように見えがちだが，それも高画質を前提としたうえでのことである。諸外国では逆に，タイムシフトが自由自在に行えるといった利便性が重視されるので，画質については二の次，三の次でしかないといわれている。

諸外国のテレビ視聴環境と比べると，日本の放送は不便でならないかのようにいう人もいるが，日本では同じくコストを投じるのであれば，画質を向上させたほうがテレビも売れるということを家電

メーカー各社は知っている。そうしたニーズの優先順位の違いを踏まえずに，諸外国における利便性だけを伝えて，あたかも日本の放送が遅れているかのように訴えることは大間違いの元にしかならない。

そういう意味では，少し心配されるのは，地上波とは異なり，衛星波の不安定さである。地上波に空き帯域がないことから，衛星放送を通じて，4K放送，8K放送が提供されるのだが，ゲリラ豪雨の多い昨今では，その度にせっかくの高画質放送が止まってしまうことは残念である。CATVやIPTVを通じて各家庭に放送が届けられている割合が5割を超えている実情を考えれば，本丸になるBS放送にも空き帯域は限られているだけに，あくまでも電波受けを大前提として議論されることの是々非々も再考されて然るべきなのかもしれない。

地上波と同様に，電波受けを大前提とすることによって，今の有料専門チャンネルのように，配信事業者に首根っこを押さえられることを避けようという趣旨は理解できるが，地上波ですらマストキャリーとはなっていないことを考えれば，放送局側が自らのコンテンツにどれだけの自信をもち，それがゆえにCATVやIPTVも再送信せざるを得ないようにしていくことのほうが重要である。

8K放送に最大のハードル，受信機問題

NHKの技術研究所において，本当に長い間にわたって研究されてきたのが，スーパーハイビジョンである。NHK技研の公開日に見学に行っても，必ず見て帰るというくらいのメインメニューとなっている。

その後，今の2Kのハイビジョン放送より高画質な放送として，

4K放送が出てきたことから，NHKの開発したスーパーハイビジョンは，それとの比較で，8K放送と呼ばれることになった。若干ややこしい話だが，4Kコンテンツの制作については，海外諸国の中でも取り組む国が見られることから，4K放送をスーパーハイビジョンと呼ぶことになった。そのため，NHKが開発してきた8K放送は，ウルトラハイビジョンと呼ばれることになった次第である。

　別に呼称にこだわる必要はないのだが，白黒テレビしか無い時代には，テレビ放送に種類があるとは考えられなかった。新たにカラー放送が始まったことから，それまでの放送を白黒と呼ぶことになったわけである。

　同じように，デジタル放送が登場するまでは，テレビ放送といえば，アナログに決まっていたことから，逆にアナログ放送とわざわざいう人もいなかった。

　つまり，それまでは特に呼称など考えずにすんだものが，次世代バージョンが出てくることになり，改めて前世代のものにも名前がつくということなのである。

　4Kや8Kが話題になってくるまでは，今のデジタル放送を，わざわざ2Kと呼ぶ必要が無かったのと同じことである。

　さて，世界中を見渡しても，日本人ほど高画質に魅力を感じる国民性は見られないと，よくいわれる。家電メーカーからすると，テレビ受信機は値崩れが速いので，少しでも新たなサムシングニューを加えていくことで高価格品を売ろうと考えるわけだが，やはり経験則からすると，高画質化が一番効くようなのである。

　逆に欧米では，画質はかつての日本のSD（HDより前の画質）の水準で十分であり，そこのレベルアップを図るよりも，オンデマンドで視聴できるとか，自由に巻き戻しができるといった利便性のほ

うに目がいくようだ。

　こうしたことは国民性にもよることなので，相当に長い時間をかければ，いずれは同じようなニーズとして収斂していくと思われるが，当面のところは今のままであろう。

　そうした違いがあるからこそ，欧米発の新たな機能を売り物にしたサービスが日本に上陸してきても，うまくいかずに撤退せざるを得なくなるのである。iPhoneやiPadの人気が席巻している国とは思えないくらい，放送系のサービスについて，日本人のニーズは高画質が優先されるわけである。それは，どういった番組が支持されるかというところにも影響する話である。ハリウッド発で，世界的に大人気のドラマを，地上波のゴールデン帯に編成しても，視聴率はパッとしないのがセオリーのようになっている。

　さて，随分と長い前振りになってしまったが，いくら高画質が好きな日本人であるといっても，さすがに8K放送までが求められるのかという疑問が一般的のようである。

　そして，その疑問を裏付ける最大の根拠となっているのが，受信機の問題である。何Kであれ，テレビ放送である以上，テレビ受信機は不可欠である。

　ただし，世界的にかなり背伸びをして，ようやく普及の目途がついてきたのが4Kであることからすると，8Kという品質を，放送サービスとして考えているのは日本くらいであろうというのは，確かな指摘である。

　家電メーカーは日本企業にとどまらず，今や世界のマーケットを意識してビジネス展開を行っている。ところが，8K放送の受信機を作ったところで，その需要が日本にしかないということになると，ただでさえ家電メーカーの体力が消耗しているタイミングでもある

だけに，8Kの受信機は作らないと宣言するメーカーが出てきても不思議な話ではない。

　もちろん，家電産業や自動車産業に力を入れている隣国の韓国と比べると，日本は国内マーケットが非常に大きいという事情はある。そのため，日本人しか買わないようなものでも，それが広く普及するのであれば，生産に取り組むこともやぶさかではないはずである。

　しかしながら，8Kの映像をNHK技研の公開でしか見てこなかったに等しいだけあって，ちょっとした映画館並みのサイズのスクリーンでないと，8K映像は楽しめないといわれても，返す言葉に窮することは事実である。

　その前に普及してくれないと困る4Kテレビも，できれば50インチから60インチの画角のテレビ受信機でないと，その魅力は発揮されないともいわれている。

　アナログのカラーテレビが主流だった時代が長く続き，そのときには20インチもあればテレビ受信機としては十分であり，50インチのテレビなど家に置きようがないと考えられてきた。しかし，薄型になったという事情はあるものの，地デジ化とともに普及した三波共用のデジタルテレビは，40インチから50インチでも，別に驚くほどの大きさであるとは考えられなかった。

　薄型であれば大画面であっても邪魔にならないかというと，必ずしもそうではない。薄型のテレビを支える台座の部分は，当然のことながら頑丈にできており，それなりのスペースを必要とする。

　それにもかかわらず，かつては巨大であったはずの50インチが，今では珍しくも何ともなくなったことからすれば，場所はそれなりに取るのかもしれないが，大きな画面のテレビを購入してきたとしても，じきにそれに慣れてしまうように思えてならない。

とはいえ，さすがに100インチ前後のところまで，求められるサイズが大きくなってくると，日本の家屋事情もそう急激に改善されているわけでもないので，さすがに限界を超えてしまうと思われてもおかしくはないかもしれない。

家電メーカーの発想

　家電メーカーからすると，8Kテレビを作るかどうかの判断材料となるマーケットサイズが，日本国内に限られるだけでなく，さらにその日本国内でも限られた一部の人たちにしか求められそうもないとすれば，さすがに大量生産に踏み切るのにためらわれることは確かだろう。

　簡単に値崩れしていく心配はしなくてもよいのかもしれないが，そもそも買う人がほとんどいないという状況では，値崩れ以前の心配をしなければならなくなる。

　デジタル放送波を受けることができない視聴者を救済する措置のひとつとして，BS放送を使ったセーフティーネットが行われてきたが，それも2015年3月までで終了したことから，その跡地を使った試験放送が2016年から行われる。

　試験放送は時分割で行われ，8Kの放送を行っているときは1チャンネル，4Kの放送を行うときには3チャンネルというプランになっている。

　おそらく4Kテレビについては自然と普及していくので，試験放送を見られる人も多くいるだろう。

　しかし，今のような状況で8Kテレビを作るメーカーが出てこないとか，出てきても，それを購入する人がほとんどいないということになってくると，その時分割の試験放送は，本来の「試験」の目

的とは違う形を示してしまう可能性もある。つまり，試験放送を行ってみたものの，誰も８Ｋ放送を見ていないことが明らかになってしまうと，８Ｋ放送を行うことの是非が再び問い直されることにもなりかねない。

４Ｋや８Ｋといった新たな放送は，本当は日本全国に広く普及することが求められる地上波で行われるのが望ましい。しかし，地上波にはそれを行うための周波数帯域が残されていない。

そこで，やむを得ずＢＳ放送として行うことに決まったものの，そのＢＳとてそう周波数に余裕があるわけではない。つまり，無理やりひねりだしたに近い帯域で放送サービスを行う以上，それを受信する人がどれだけいるのかという点は，電波の有効活用という見地からも検討されて然るべきだからである。

今のところ，８Ｋ放送に意欲を示しているのはＮＨＫだけだが，さすがのＮＨＫも受信機の無いに等しいところに向けて放送を行うわけにはいかない。

もちろん，４Ｋや８Ｋといった高画質は，医療やその他のいろいろな分野で応用が利くし，それを期待する声は多く聞かれる。とはいえ，公共放送であるＮＨＫが長年にわたって研究してきたものであるだけに，「放送」という領域で生かされないことは残念に思えてならない。

しかし，受信機までＮＨＫが作るわけではない以上，８Ｋ放送の実現にとって，最大のハードルは受信機問題であり，それがそう簡単には解決しそうもないところが気掛かりである。

スマートテレビが当たり前になって思うこと

2016年ともなれば，少なくとも全国の３分の１くらいの世帯でス

マートテレビが使われることになるだろう。

「放送と通信の連携」といわれてから久しい。スマホ・タブレットの普及も手伝って，少しずつそれらしいサービスも出始めている。放送からのコンテンツとネットからのコンテンツを相互補完関係に置くことで，新たなテレビ放送の楽しみ方も広がりつつあり，そうしたサービスをトータルしたものがスマートテレビということになるのだろう。

しかしながら，やや意地悪な見方をすると，まだまだ放送と通信の文化の違いのようなものが垣間見えるところも多く，そこの溝を埋めていく努力も必要であるように思われる。

例えば，デバイスの機能ひとつを取っても，テレビ受信機はすべて，同じ技術仕様で動くようになっている。しかし，ネットについては，去年のスペックと今年のスペックが違うことが当たり前のようになっている。

iPhoneも，iOS 8に変わった途端にiOS 7の機能とはまったく変わってしまう部分があり，AppleはiOS 7のサービスを停止しているに等しくなっている。毎年のように，そういうことが起こっても不思議のない世界である。

その点は，放送とはまったく違う文化になっている。

放送とネットの機能をコラボレーションしようとすれば，その機能については，放送側もネット的な発展をせざるを得なくなってくる。その点については，視聴者・ユーザーにも理解を得る必要があり，MPEGベースの二波共用機を買ったら10年間は安心だという視聴者保護の原則とは異なり，どうにも仕方のないことのように思える。つまり，ネット的な文化も容認して取り入れていかないと，放送側もサービスを発展できなくなってしまうということだ。

iPhoneに限らないが，スマホやタブレットの価格は今，携帯キャリアが月々の料金の中に含めるような形を採っているので，何となく安く買えるイメージが強いが，本当は1台8万円くらいするデバイスである。
　テレビ受信機のほうは8万円も払えば，2Kの立派な三波共用機が買えてしまう。まして，スマホの場合には2年に1回くらいのタームで，新機種に乗り換えていっても不思議ではないが，テレビ受信機のほうは最低でも8年から10年は使えるものである。
　それと，iPhoneであれば，中古で引き取ってもらえるから，思い立ったらすぐに買い替えることができる。テレビ受信機も中古で引き取るところもあるのかもしれないが，サイズはどうしても大きくなるので，簡単にもっていって，新しいものに買い替えて帰ってくるのは大変そうである。
　4Kテレビが好調であるとか，ハイブリッドキャスト対応テレビが150万台を超えたといったところで，スマホの新機種が登場してきたときの買い替え需要の違いは比較にならない。
　もっとも，最新のテレビ受信機については，通信機能が付いていて，ブラウザベースで動くことから，新しい機能も比較的容易に導入できるような設計になってきているので，徐々にネット対応のところも更新可能になってはきている。どうしても初期にテレビを買った人の機能と，直近で買った人の機能には差が付いてしまうことになるが，今後は，その点も当たり前だと考えられるようになってくるのではなかろうか。
　進化し続けている分野では，究極の完成形が見えることは有り得ないので，新機能が加わっていくのを見ながら，買い控えをしていると，いつまで経っても買うべきタイミングが見出せなくなってし

まう。当面であれば、テレビ受信機は、4Kのデコーダーが内蔵されて、ハイブリッドキャストの機能も付いているというところで買い替えるのが良いのかもしれない。

それと、デバイスの普及のさせ方の違いもあって、携帯電話の時代から、携帯キャリアがメーカーに作らせて、キャリアの名前で売ってきた経緯にある。

一方、放送の場合には、テレビを売っているメーカーと、放送サービスを行っている放送事業者は別々にビジネス展開をしている。そこは根本的にマッチングしない部分であるといえるのかもしれない。

デジタル放送の最初のころは、放送事業者の意図によって、こういう機能やああいう機能が必要だから作ってほしいといえば、当時はテレビメーカーが元気であったこともあり、それなりの苦労はあったと思うが、放送事業者の意図するスペックを実装していった経緯にある。

しかし、事業環境の変化も大きくなっていることから、少しずつではあるが、放送事業者の求めるスペックに唯々諾々と従うという文化は消えつつある。もはや今では、放送事業者とメーカーが協議を重ねることは変わらないにしても、お互いにもっている技術と、使いたい技術の折衷案を模索しながらでないと、メーカーも新機能を実装しないようになってきた。

テレビメーカーは今後、自らの責任でテレビ受信機を作るので、いちいち放送事業者との協議は行わないという声まで聞こえ始めているくらいである。

放送側にも求められる意識改革

　　NHKがハイブリッドキャストにHTML5を導入することを決めた際にも，その前段階で技研が研究していた時点では，2つの方法があり，HTML5とは異なる選択肢もあったわけである。どちらも使えるし，どちらを標準仕様にしようかというときに，メーカー各社にいろいろとヒアリングをしたところ，どうも多くのメーカーがネット対応にして，HTML5を志向しているということが分かってきたという。HTML5にしておけば，テレビ受信機が早めに対応しそうだという感触も得て，最終的には，どこのメーカーもHTML5にすることを確認したうえで，標準仕様をHTML5に切り替えた経緯にあるという。

　　携帯電話の世界では，ひと昔前まで，ドコモのPDC（(Personal Digital Cellular）でいこうと決めたら，それを日本のメーカーが作ってきた。それが今や，ガラパゴスと揶揄されるにいたっている。それがLTEになって，わりとグローバルスタンダードに近いところになってきたので，今のiPhoneのように，どのような方式でもすべて搭載してしまうことが王道になっている。グローバルスタンダードであるならば，生産ラインに乗せるというのが，今のメーカーのスタンスであるといえるだろう。そういう意味では，テレビ受信機に限った話ではなくなっているのかもしれない。

　　かつては国内需要に応えていくだけでも，十分な収益を上げることができたのだが，もはやそれは昔話でしかなくなり，世界市場の動向を常に意識しながら，ラインを動かすという現状になっている。

　　新たな機能を実装するに当たっても，放送事業者の思惑がすべてではなく，あくまでもメーカーのグローバル展開に当たって，マイ

ナスにならないような要素のものをうまく汲み取って提案していかなければ、受信機も作られない状況になっているということである。

そのことの良し悪しを語るのも、実をいうと意味はなく、放送の文化、通信の文化、メーカーの文化をそれぞれ生かしながらでなければ、新機軸は打ち出しようがないと考えるべきなのだろう。

放送事業者も、これまでは自ら規格を定め、自らの文化を守りながら、メーカーの協力が得られてきたのだと思うが、通信の世界における事業環境も見据えて考えなければ、メーカーと対峙することさえ難しくなってくる。視聴者保護の原則は非常に頑強なものであって然るべきだが、通信やメーカーの生業に求められている弾力性についても、これからは理解していく必要があるのではなかろうか。

シニア層の取り込み

2020年はもちろんのこと、2016年の段階でも、高齢化社会は進む一方である。そうした中にあって、IPTVのサービスが非常に重要になっている。シニア層に対して、IPTVはハードルが高いのではないかと考えられがちだが、サービスを提供する事業者側が、使いやすさを最優先にして取り組めば、広く受け入れられることは間違いない。

どうしてIPTVのほうがよいと考えられるのかというと、シニア層に利用を促す目的が、単純に娯楽を提供するだけということにとどまらず、子供たちの世代が大都市圏で生活していることなどから、結果的に遠くで暮らす格好になっているシニア層を見守るようなサービスも求められているからである。

今のシニア層はもともと、テレビとの相性はよい。テレビ放送が

始まってから，テレビが娯楽の中心として生きてきた世代だからである。テレビ受信機はその後，テレビゲームや録画コンテンツの再生機という位置付けにもなっていくのだが，そうしたサービスは今のシニア層には縁遠いものである。

　一方，若者層にとっては，インターネットの普及と相まって，携帯電話機の普及，携帯ネットサービスの普及により，少しずつだが確実にテレビ離れが進んできた経緯にある。

　そういう意味では，シニア層が最もテレビを見る世代であるはずだが，今も昔も広告放送のターゲットはシニア層でなく，いわゆるＦ１，Ｍ１という若者層である。シニア層からしてみれば，テレビは好きなのだが，面白いと感じる番組は減る一方になっているように思われる。

　今でも大ヒットするドラマは，現代劇であろうとも勧善懲悪物であることが多いが，その数字の背景には，シニア層の支持があることは間違いないだろう。

　そのシニア層をIPTVのユーザーとして取り込んでいくための第一の条件は，当然のことながら，ユーザーインターフェイスをシニア向けにすることにある。

　受信機であるテレビの画面は大きいに越したことはないが，仮にそうでなくとも，IPTVサービスの画面自体は，サービスの文字を大きくするとか，放送なのかビデオなのかを分かりやすくするといった配慮は不可欠である。

　また，ユーザーインターフェイスの出発点ともいえるリモコンだが，これはテレビを買うと付いてくるものよりも，IPTVサービスらしく，タブレット端末にその機能をもたせたほうがよいと思われる。シニア層とタブレットの相性については，一般論として遠い存

在であると決めつけるのではなく，文字を大きくして，なおかつタッチパネルで操作できるという強みを生かすことが重要である。

　リモコンとしてタブレット端末を使ううえでも，工夫はいろいろと必要である。最も重要なのは「戻る」ボタンをうまく機能しやすくすることである。

　シニア層に限ったことではないが，使い慣れていないうちは，とかく間違えたボタンを押してしまうことが多いと思われる。間違えたときに，すぐにその前の状態に戻せるようにすることが重要であり，それが簡単にできるようにしておかないと，間違いを直そうとして，さらに間違えた方向に進んでしまうということになりがちである。

　そうした失敗を繰り返してしまうと，何となく使いにくいという印象が強まってしまい，やっぱり最近の新しいサービスは使い方が難しいと思われ，敬遠されてしまうことになる。それではシニア層を取り込むことはできなくて当然であろう。

　IPTVサービスの中には，有料のものも多い。そのくらいのお金を払う余裕が無いわけでなくとも，間違えた結果として無駄なお金を使うことには抵抗があるのがシニア層である。継続して利用してもらうためにも，「戻る」ボタンひとつで，簡単に操作をやり直せるようにしておくことが重要である。

　IPTVサービスの特徴として，いろいろなジャンルの専門チャンネルが用意されているだけでなく，ビデオオンデマンド（VOD）も使えることがある。

　シニア層とVODの相性がよいと思えないというのも，勝手な思い込みでしかない。確かにシニア層は時間を自由に使える人が多いと思われるが，それでも各人各様の時間の使い方のようなものを

もっている。

　昔の映画や時代劇を見るにしても，その専門チャンネルが支持されやすいのは当たり前だが，さらに番組表のタイムテーブルに合わせることなく，オンデマンドで好きなときに好きな番組を見られるほうが便利であるとの思いは，他の世代の人たちと変わりはない。

　そのため，うまく使いこなせるようになれば，VODが便利であると思えるはずなのだが，その際にも前述したとおり，操作を間違えたと思ったら，すぐに「戻る」ボタンで元の操作からやり直せるほうが安心である。

　また，IPTVサービスならではの機能として，単なる娯楽を提供することにとどまらず，離れて暮らしているシニアを見守ることができるのも大きな特長といえる。

　見守りサービスについては，多様な事業者から多用なサービス形態が提供されている。それだけ，こうした機能に対する需要が増えているということだろう。ひかりTVのように，1日に何回，テレビなりビデオなりのサービスを利用したかをシグナルにする方法は，分かりやすくてよいように思う。テレビがそれだけ生活に密着しているからである。

見守りサービスにも配慮

　見守りサービスを提供するうえで必要なのは，シニア層に対してもデリカシーをもって接する姿勢である。

　カメラを設置して高齢者を見守るといったサービスがそれほど受け入れられない理由は，シニア層にもプライバシーがあることを軽視しているからではなかろうか。カメラでチェックされていたら，見守られているのか，見張られているのか分からない。そういった

配慮を欠いてしまったら，元も子もないという事情はよく分かる。

また，シニア層にIPTVサービスを利用してもらうために必要な点としては，どれだけいろいろなことができるからといっても，サービスメニューを最初から大量に示しすぎないようにすることが挙げられる。

テレビ系のサービス，見守りサービスに限らず，食糧等の宅配サービスや，地域での情報共有サービスも必要性が高い。しかし，そうしたものを網羅してしまい，何から何まで提供できるようにすることは，決して利便性を高めることにはならない。

シニア層にIPTVサービスを利用してもらうための出発点は，あくまでも分かりやすく，使いやすくすることである。いくら便利なサービスが多いといっても，それを網羅してしまうと，当然のことながら，それを使いこなすことは難しくなる。

あれもできる，これもできるといっても，使い勝手が悪くなれば，どれひとつとして利用されなくなってもおかしくない。使う側への配慮が必要だということも，このサービスの原点であることを忘れてはならない。最低限，必要なサービスは何かということを，絞り込めるようにしておくべきである。使い慣れていくにつれて，メニューの豊富さが便利であると感じるようになるのではなかろうか。

もっとも，万が一の助けを求めるシーンへの対応は欠かせない。リモコンをタブレットくらい大きくしておくことにより，そこにタッチするだけで，「Help Me」のサインが遠く離れて暮らす家族に伝えられることが大切であろう。もちろん間違えて押してしまうと家族に迷惑がかかるという思いはあるだろうが，そこは「戻る」ボタンなどで，取り消せるようにしておけば，押し間違いであったことも伝えやすくなる。

シニア層向けに便利なサービスを提供することは，IPTVだけでなくCATVにもできることは多いと思われる。しかし，CATVのサービスにもIPTV的な要素を盛り込んでいこうというのが今の大きな流れであることを考えると，IPTVの利便性を見極めることにより，どのサービスから使ってもらおうと考えるべきかも明らかになってくるだろう。

　シニア層をターゲットとするのは，必ずしもビジネスの拡大だけが目的ではない。それを踏まえたうえで，1人でも多くのユーザーに使ってもらい，必要不可欠なサービスとなる方法を考えるべきである。

当たり前になる「放送とネットの同時再送信」

　放送法が改正され，NHKのネット活用業務の範囲が大幅に広がることを受けて，どこまでのサービスを提供するべきなのかということが，改めて議論されることとなった。

　それまでは，放送後の情報でないと，ネット配信することは認められていなかった。法改正により，放送前，放送中，放送後のすべてのパターンでネット経由の情報発信が可能になった。放送とネットの同時再送信ということも，ケース・バイ・ケースだとは思うが，そうした経緯を踏まえて，出てきた話である。

　つまり，民放はもともと，法改正を待たずに，ネット活用は自由にできるだけに，NHKが同時再送信までするのを横目で見ているわけにもいかないだろうということになり，2014年の民放連会長の記者会見でも，見逃し番組の1週間無料提供をはじめとして，コンテンツによっては同時再送信も有り得るという検討を在京局中心に行うということになったわけである。

もちろん，NHKも民放も放送とネットですべての番組を同時再送信するとは思えない。新たな権利処理が発生することは間違いないので，べら棒なコストがかかってしまうからだ。
　ただ，NHKも民放もニュースのように，比較的，権利処理の容易なものは，同時再送信を行っていくだろうと思われる。
　あとは，見逃し番組の意味するところも，今よりも広いジャンルの番組が対象になっていくと思われる。これまででは，民放各社はドラマ，バラエティを中心に見逃し番組のVOD配信を行ってきたが，もう少し多様なジャンルの番組も配信していく可能性は高い。
　もちろん，放送後1週間は無料とすることで，あくまでも連続ドラマの途中を見損なった人が，それを理由に見るのをやめてしまわないようにということを重要視して翌週回まで無料で提供する局もあれば，それも有料ビジネスのひとつとして提供している局もある。
　そうした局ごとの方針の違いや，どこまでのジャンルで行うかということも含め，民放が同じスタンスで臨むことはできないかといったことが検討材料になっていったわけである。
　放送局もネット経由での情報提供が活発化していくのだろうという流れは，NHK，民放の両者ともに強まってきたということだ。
　ただし，繰り返すようだが，権利処理コストもかかるので，利用者にとって便利であると認識されるような番組に限るべきだろうとは思う。特にNHKは，NODとは異なり，別会計ではないので，受信料を使う以上，取捨選択は大事なポイントになる。
　何から何まで同時再送信をする必要は見出せない。基本的には，ニュースやイベントの状況を，外出先でもチェックできるようにするのがメインとなるのではないか。
　利用者のニーズは，始めてみないことには確認しようもないこと

は確かなので，あまり限定的に捉えないほうがよいとは思われる。

また，自宅にいて，目の前にテレビがあるのに，わざわざネット配信のほうを見る人がどれだけいるのかと考えると，外出先の視聴，すなわち「リモート視聴」がメインになるのではなかろうか。

そういう意味で，疑問に思う最初の第一点は，ワンセグ放送と何が違うのかということである。iPhoneでワンセグ放送が見られないのは仕方ないが，ワンセグ放送を受信できるスマホの機種も多くある。

リモート視聴のニーズ

リモート視聴とワンセグ放送の違いは，東京に住んでいる人が，北海道に出張に行ったときに，リモート視聴なら東京の放送が見られるし，ワンセグ放送であれば地元の放送局の番組が見られるところである。

しかし，個人的には出張が多いので，その経験則からすると，地方に行けば，何より必要なのは地方の情報である。台風でも来ようものならば，翌日の交通手段が気になるのは当然である。

そういうときに，自宅で見られる放送を受信できても，あまり役に立たない。具体的に飛行機の状況や，特急列車が動くのかなどが気になり始めると，地方局の放送を見ていても物足りなく感じるほど，情報が少ないというのが現実だからである。

NHKはともかくとして，民放がネット同時再送信を始めると，地方局が苦しくなるということをよく聞くが，確かにその懸念はあるものの，地方局の発する情報を強化していけば，上述のとおり，リモート視聴よりもワンセグ放送のほうが役に立つことが多い。

NHKのネット活用業務の拡大に触発されただけではなく，民放

も自ら積極的に取り組んでいこうとする理由は，リモート視聴とワンセグ放送を切り離して考えたいとの思いがあるからではなかろうか。

　業界関係者には周知のことだが，ワンセグ放送の受信可能な携帯電話機が次々と販売されたものの，広告費収入はまったく上乗せされなかった。

　確かにワクセグ放送の場合には，誰がどのくらい見ているのかが分からないため，広告費に換算する指標が無かったという事情もある。

　リモート視聴の場合には視聴ログが取れるというメリットがある。視聴率調査とのバランスを考えていく作業は大変だろうと思われるが，そのログを通じて，ある程度，視聴者のボンヤリとした人物像が見えるようになる。

　ゴールデンタイムの視聴率が5％であったならば，番組は打ち切りが検討されてもおかしくない。一方，番組連動のスマホアプリのアクセス数が10万人といわれると，とても高く評価される。片や5％とはいえ，500万人になるだけに，単純に数字だけを見て評価するわけにはいかなさそうである。

　それだけに，アクセスログの分析能力が高まってくれば，視聴者の属性が見えることが非常に強みとなってくる。

　つまり，顔の見えない500万人にCMを送るのか，ある程度まで顔が見られる視聴者にCMを送るのかでは，後者の方にも，視聴者がCMに対するアクションを起こす度合いを高めることも期待できる。

　もちろん，今の視聴率をやめて，ログの分析だけに変えるべきであるとは思えない。その両方の指標をバランスよく使い分けながら，

スポンサー企業を口説いていくことが大切になってくるだろうし，広告主協会としても，放送局と一緒になって，検討を進めるべきだと思う。CM効果の検証は，一朝一夕に行えることではなく，多面的な取り組みの繰り返しにより，少しずつ精度を高めていくものである。

そういう意味では，大いにワンセグ放送の復権にも期待したい。放送とネットの同時再送信が，オリンピックやワールドカップのときに利用が高まるというが，そのくらいのビッグイベントであれば，地上波でも必ず放送されるはずなので，ワンセグ放送も役に立つと思うからである。

2020年の東京オリンピックに向けて，海外諸国のように，Wi-Fi環境があれば，どこでもテレビ放送が見られるようにして，外国人観光客のニーズに対応したいという気持ちも分からないではないが，そもそも外国人観光客にとって日本語で話される放送にそこまでのニーズがあるのかどうか首を傾げざるを得ない。

放送とネットの同時再送信というサービスを否定するつもりはまったくない。ワンセグ放送のときの経験を踏まえて，今度こそ広告収入という対価が得られるようにしようという考え方は正論であるからだ。

それを触発したのがNHKのネット活用業務の拡大への対抗心というだけのことならば，あまりアグレッシブな印象は持ち得ない。NHKの動向を牽制しながら，様子見をしているだけでは，新たなビジネスチャンスを逃してしまうことになりかねない。

おそらくNHKも権利処理を進めていく中で，放送とネットの再送信を行うことが望まれる番組を絞り込んでいくだろう。民放としても，テレビ向けの技術仕様の決め方も含めて，サービス展開を

行っていこうと考えているはずなので，これまでのような単純な賛成・反対の文言が繰り返されることにはならないと思われる．

米国の三大ネットワークは，ネットによる放送とのサイマル同時再送信を始めてから，広告費収入が増加したといわれている．確かに，ネットで配信される限りは，それを録画して，CMを丸ごとスキップするという一連の行為は，あまり意味をもたなくなっていくように感じる．

日本が世界に先駆けて高画質のサービスを追求していくことは，非常に意義のあることだと思う．また，これまで遅れがちであったネットへの対応にも力を入れていく好機だと思う．こういう事態になってみて改めて，NHKと民放の二元体制の価値が再評価されるように思う．

2015年に始まった「2020年に向けた動き」

2015年は放送・通信・受信機メーカーにとって非常に重要な年になった．その理由は，来たる2016年に向けて，さらには2020年の完成形に向けて，どれだけの準備を進められるかにかかわってくるからである．

大きな意味でのひとつの節目となるのが2016年であることは間違いないのだが，いきなり2016年になってからでは間に合わないことも多く，2015年の間にどれだけの足場を固めておくかが重要であることは当然だろう．節目となる年を迎えて，それを意義あるものにしていくには，準備を万端にしておくことが求められるからである．

2015年3月には国内初の4K放送をスカパーが始めた．4Kの商用サービスは，いち早く，ひかりTVが先陣を切って，VODサービスの形で，2014年の10月に開始している．放送サービスとして，ど

れだけの需要があるかを計るべく，NHKや民放がBS上で試験放送を始めるのが2016年であることを考えると，スカパーの本放送の動向は要注目である。

2014年からすでに124／128度衛星を使って，NexTV-Fによる試験放送の「チャンネル4K」がスタートしているが，一般の視聴者にとっては，やや視聴するためのハードルが高い感があった。同じく124／128度衛星を使った本放送になるので，どれだけの視聴者が集められるのか興味深い。

スカパーの124／128度衛星による多チャンネルサービスは，2014年にH.264を使った新たなサービスに変わり，同衛星からの放送への加入者を少々減らしたものの，まだまだアンテナ自体は相当な数が設置されているので，4Kテレビと対応のSTBを用意しなければいけないが，直接受信して視聴する視聴者も増えてくるだろう。

また，2015年の3月末でデジアナ放送が終了したことにより空き帯域のできるケーブルテレビ事業者による再放送も，当然のことながら加入者獲得の主役となることが予想される。

在京民放ですら，4Kコンテンツだけ放送するチャンネルをもつには，コンテンツの用意が間に合わないといわれている中にあって，スカパーの4K本放送のラインナップにも注目が集まるのと同時に，何よりも4K放送に対して，どれだけのニーズがあるのかを再確認するための試金石となることは間違いない。

もちろん，4Kテレビが，視聴する4Kコンテンツも無いうちから売れ始めたように，テレビ受信機と放送が社会に広まっていくタイミングは，これまでもそうであったようにズレの生じるものである。今度は，4Kのコンテンツが一般家庭に向けて配信されるようになったというのに，4Kテレビの売上げが伸びていかないことに

なると，潜在的なニーズも計りにくくなる。

　逆に，ようやく4Kのコンテンツが見られるようになったということで，4Kテレビの普及に拍車がかかるようになれば，やはり日本人は高画質が好きなのだなということを再確認できる。

　デジタル放送で先鞭をきったスカパーが，4K放送でも好発進することができれば，その後に続くNHKや民放も参入意欲を強く示し始めることが期待できる。

　ひかりTVが4KのVODを早々にスタートしたことで，ビジネスとしての4Kの道を開いたと評価できる。それでもマーケット云々を語るうえでは，VODサービスについても，J：COMやアクトビラといった事業者が追いつき追い越すだけの意欲を示していかねば成り立たない。

　そこにスカパーの放送が加わることにより，多様な形で4Kコンテンツを楽しめることになるので，4K映像市場を拡大させていくためにも，放送，オンデマンドの両輪が相互に刺激し合っていくことが望まれる。

　先行する事業者は「苦労をするのが当たり前」といった精神で臨むべきである。ただ，いつまでも孤立無援なままでは，いずれ限界が見えてしまう。それだけに，多様な形で4Kコンテンツを楽しめるようにすることが重要なのである。

　2016年からBSのセーフティーネット跡地を使って，4K放送3チャンネルと8K放送1チャンネルが時分割で試験放送を開始する。コンテンツの制作力では群を抜いている事業者が，参入することを前提として試験放送に臨むことが期待される。

　本来ならば体力のあるところが先行するのが望ましいことは間違いないのだが，BS放送上で帯域が空く時期との兼ね合いもあるた

め，結果的に，先行する事業者の様子を見定めながらの発進となる。

　4K放送への手応えを感じることになれば，使用する帯域についてなど未解決な課題は多いものの，NHKや民放といったコンテンツ制作力の高い事業者も，より積極的な展開を前提とした動きを見せ始めるだろう。まさに2015年の見どころのひとつといえるのではないか。

NHKのネット事業拡大も契機に

　2014年6月に改正された放送法が，2015年4月から施行された。これまで，NHKは放送終了後の情報しかネット経由で発信できなかったものが，改正法の下では，NHKの作成する実施基準の範囲内に広がるため，放送前，放送中，放送後の情報をネット経由で配信することができるようになった。これだけインターネットが普及した現状を考えれば，NHKのネット活用の自由化は遅れ過ぎている感もあったが，ようやく時代の要請に応えられる制度設計ができたことになる。

　どのタイミングで，どういうサービスを始めるかが注目されるが，いかに放送法改正があったとはいえ，そう急に驚くようなことはし辛いはずである。ただ，放送をそのままネットでも同時再送信ができるようになるので，たまたま視聴できたのが21時のニュース番組の半ばであった場合には，それを早戻しして，頭から視聴することができるようなサービスには，早期に取り組んでもらいたい。

　放送前にどういった情報を発信するのかも関心の高まるところではあるが，最新のニュースなどがあった場合に，ニュース番組が始まるのを待ち，そこで明らかにされた後に，ネットでも配信するといった妙なことはしなくても，ニュース情報が得られた際に，まず

はネットで配信しておき,詳しい情報についてはニュース番組で伝えるといった当たり前のことが容易になる.

ただ,せっかく放送前にも配信することができるようになるので,例えば,月曜の朝に連続テレビ小説を視聴した後に,火曜から土曜までの分も一気に見ることができるといったサービスも実現すると,視聴者の関心を惹きそうである.

それに対して,民放にはもともと,そういった規制は課されていない.いくら放送法で,NHKは先導的な役割を果たすと書かれているからといって,NHKの業務が民業を圧迫することは許されない.

しかしながら,そうしたリアクションをするには,まず先に民業が無くては話にならないということもあって,民放連会長から,見逃し番組VODの無料化について,在京5社で検討することになったとの発表があり,早ければ,2015年の夏場までには実現したいという趣旨であった.

民放にとって,ネット利用というのは,タイムシフトを助長するイメージがあり,広告モデルによるビジネスに悪影響が及ぶことが懸念されてきた.

「おもてなしプロジェクト」の準備

2020年の東京オリンピックの開催を睨んで,いろいろな「おもてなしプロジェクト」が考案されている.ただ,オリンピックの終了とともに不要になってしまうものを作るのではなく,その後のさらなる発展のためにいろいろなサービスが検討されているのだろうと思われるし,そうでなければICTの利活用も言葉倒れになってしまうことになりかねない.

東京オリンピックの終了時をも見据えて,多彩な「おもてなしプ

ロジェクト」を考えていくべきであり，実際に前回の東京オリンピックの終了とともに，今も役立っているいろいろなインフラがその利便性を高めていったことも忘れてはいけないだろう。

　４Ｋや８Ｋといった高精細度の画像が得られるということは，医療の世界では画期的なことである。ただし，医療の世界だけで閉じてしまうと，あまりに高コストなものになりかねない。それだけに，放送サービスやVODサービスなどにも取り入れていくことにより，そういった技術を他の分野にも生かしやすくするといった発想も欠かせない。

　上記のようなことを考えていくと，まだ2015年から準備をしなくてもよいと考えるタイプと，残された時間が非常に限られていると感じるタイプに大きく分かれるに違いない。もはや護送船団とか横並びといった発想は捨てて，新しいサービスを誰よりも早く実施し，追随してくる事業者にはチャンスも少なくなってしまうといった意思をもって臨むべきだと思われる。

　2015年，2016年といったところをひとつの大きな分岐点として，勝ち組，負け組が明らかになり，結果として拡大した市場におけるメインプレーヤーが得をするといったチャレンジ精神が問われることになるのではないか。

コンテンツ制作投資の意義は

　映像配信のプラットフォームだけでも，数え切れないほど存在しているが，そこで勝ち残っていくためには，他所では見られないとか，見られるようになるまで時間がかかるコンテンツを独占的にもつことが有効である。

　どこでも見られるようなコンテンツばかりでは，低価格競争にな

りがちだが，常に優良なコンテンツを独占的にもつ事業者は，それを楽しみにしているユーザーを囲い込んでいけるので，あまり過激な価格競争に巻き込まれることもない。

しかしながら，それをいうのは簡単だが，実現させるのは難しい。日本における映像コンテンツ制作で強い力をもつのは，地上波の放送局である。

地上波の放送局と交渉をして，コンテンツ制作に要する費用を投資して，オリジナルコンテンツを制作してもらうのが一番早い。ただし，コンテンツというものの性格上，かなりの額の投資をしても，傑作が生まれるという保証はまったく無い。それは日々，傑作を生むべく取り組んでいる地上波局が，誰よりもよく知っていることである。

コンテンツ投資とはそういう性格のものであり，リスクが高いことを承知のうえで，継続的に行っていくことにより，大きな成果を得られることを期待し続ける覚悟が無ければ実現しない。

そこのリスクは負いかねるということで，テレビ放送や映画で成功したものを，どこよりも高い対価を払って，一定期間は独占的に使えるように購入してくるという手法を採りたがる事業者も見られる。

確かに，資金力さえあれば，最も有効な投資に見えるが，それを投資と呼べるかどうかは大いに疑問である。そもそも地上波局としても，成功したコンテンツを独占的に使える権利など，安々と売るようなことはしない。誰もが欲しがるコンテンツであれば，せっかくプラットフォームも数多くあることでもあり，均等に高い価格で売りたいところである。

むしろ，プラットフォーム側からすると，自分のところだけもた

ないことは、ユーザーを手放すことにしかならないので、競合事業者と差別化を図る以前に、同じように買いそろえていくしかない。

そう考えれば、コンテンツ投資の性格も明らかになってこようというものであり、リスクを負えるところだけが勝ち残れることになる。

もちろん、同様のことは地上波局に限らず、地上波系の制作子会社や、日本映画衛星放送のような意欲あふれる専門チャンネル事業者と組んでいくうえでもいえることである。

Netflixの試みは成功するのか

上記のようなことは、「何を今さら」ということでしかないのだが、相変わらず、投資をするのではなく、買い集めるほうにばかり資金を使うところが多く見られる。せっかくの資金力も、安全性を重視するあまり、コンテンツビジネスの強化には役立たずに終わっているように思えてならない。

ひかりTVやJ：COMが強い力を発揮できているのは、多様なサービスをワンストップで提供できるからに加えて、リスクも負いながら、コンテンツ投資を行っているからである。単純に買い集めているところは、資金力さえあれば、スタートダッシュは効くかもしれないが、長続きさせるのが苦しくなり、比較的早い段階で踊り場を迎えてしまう例が多い。

さらにいえば、製作委員会方式も多用される現在、制作力の高い事業者と、たとえ個別コンテンツに限った話でも、独占的に投資をすることも難しくなってきている。

Netflixが2015年の秋くらいを目途に、日本国内で本格的なビジネス展開を検討しているという。欧米で成功した事業者が、日本に上

陸してきても，うまく行かずに終わったケースのほうが多く見られるだけに，何か目を惹くような戦略を見せられるかと思っていたが，かなりのハイリスクを覚悟のうえで，コンテンツ投資を行うという。

　なまじ日本の事業者でコンテンツ投資に積極的なところが少ないだけに，それを得意としてビジネス展開をする手法は，ある意味で，日本国内のコンテンツ投資を活性化させるうえで効果があると思っていたが，4Kコンテンツの制作にも投資していくというスタンスであれば，予算次第ではあるものの，ひかりTV，J：COMの二強を追う存在となり得るかもしれない。

　4K，8Kの映像市場を立ち上げ，それを早期に活性化させることが，放送サービスの高度化であるという前提で準備が進められている。8Kは置いておき，まずは4K放送からということにしても，ビジネスモデルを描きかねているのが，在京各社の実情である。

　アナログからデジタルへとか，SD（標準画質）からHD（高画質）へといったほどの分かりやすさは，今のところの4Kには見出せない。大自然の風景などは映えると思われるが，それだけではビジネスとしては成り立たない。

　どういうコンテンツがキラーになるかも分からない中で，それを模索していくには，数多くのコンテンツを作っていかざるを得ない。ところが，初期段階という事情もあって，制作コストは高くなる。商売になるかどうかも分からず，単純にノウハウの蓄積のためとか，どういったコンテンツが映えるかを探るために，次々とコンテンツを作っていくほどの余力は，在京局といえども期待すること自体に無理がある。

　4Kのコンテンツ投資というものは，明らかにこれまでのコンテンツ投資をはるかに上回るリスクを抱えるものである。

猫も杓子もに近い数の映像配信プラットフォームのうち，どれだけのところがそれを追っていくかと思っていたが，案の定，なかなか現れない状況にある。スカパーの場合には，衛星会社でもあるだけに，衛星を少しでも有効に使うために，いち早く本放送を始めようとした事情もよく分かる。
　しかし，4K放送の本丸はBS放送であるといわれ，試験放送が2016年から始まるというスケジュール感からすると，2015年というタイミングで4Kコンテンツ投資を行える事業者はそう多くなくて当たり前である。
　資金力がありながら，投資せずに買い集めているだけのプラットフォームは予想どおり，まったく動こうとすらしない。
　Netflixが4Kコンテンツの制作に積極的に投資していくということなら，まさに諳ったかのようなタイミングといえる。Netflixも他のケースと同様で，日本でのビジネス展開には苦しむことになると思っているが，本当に4Kコンテンツの制作投資を，継続的かつ大量に行っていくとすれば，4K映像市場の活性化にも寄与するし，地上波局各社が今のタイミングで最も組みやすい手法になってもおかしくはない。
　もちろん，そこまでの資金力を維持し続けることができればという条件付きであり，単発的に行うだけなら，よほど運に恵まれない限り，成功はおぼつかないと思われる。しかし，資金力はあるのにリスクは負わない国内事業者ばかり見てきたせいで，そういううがった見方になっているかもしれないので，世界を相手にするという事業者の投資スタンスは興味深く見ていても面白いかもしれない。
　制作費を出してくれるだけでなく，ファーストランで使う権利まで与えてくれるという話も耳にしたが，日本上陸への足掛かりとい

うことであり，うまく展開でき始めてもそれを続けるほどのお人好しではなかろうと思う。

とはいえ，このタイミングで4Kの制作費が出てくるとなると，平時では考えられないほど効果が期待されることは確かである。むしろ，強力な資金力をもちながら，指をくわえて眺めているだけの国内事業者のほうが不思議な存在であると，外資からは見えているのかもしれないところが残念である。

多チャンネル放送，分岐点に

多チャンネル放送の視聴世帯数は，衛星からの直接受信，有線系による再放送ともに，伸び悩んでおり，完全に踊り場を迎えている感が強い。

いろいろな要因が考えられることは確かだが，いかに専門チャンネルとして，総合編成の地上波とは異なる特長をアピールしようにも，かつて地上波で無料視聴したものを放送するだけとか，海外から買ってきたものを放送するだけでは，視聴者の満足が得にくくなっていることは間違いない。

また，テレビ放送というスタイルによらず，好きなコンテンツをオンデマンドで視聴できるプラットフォームも複数が立ち並ぶようになり，視聴者からすると「選択肢が多過ぎて選択できない」といった事態にもなっている。

こうした状況の中に埋没してしまうか，逆に抜け出して上昇基調に転じていくかの違いを分けるのは，ファーストランの優良コンテンツを独占的に提供できるかどうかにかかっている。

コンテンツのマルチユースが重要であることは間違いないが，やはりファーストランをどこのプラットフォームから見られるように

するかといった戦略が重要になってくることは間違いない。

　今まではもっとも大きな市場を擁している地上波がそれにふさわしいと考えられてきたし，その傾向は一朝一夕で変わるものではない。ただ，強いコンテンツの制作力を誇る事業者であるならば，時にはそれを特定のプラットフォームの差別化の手段として提供していくことも重要である。

　特に，体力的にも制作力的にも，やや劣って見られている有料の専門チャンネルからすると，そうしたコンテンツ競争に積極的に参加していけるか，弱体化して取り残されていくかどうかは，むしろ地上波にも負けない存在として頭角を現していくための大きな分岐点になってくるところである。

　日テレがHuluの日本法人を傘下に収め，それを強化していくために，オリジナルの強いコンテンツのファーストランをHuluで見られるようにするといった意気込みも聞こえてくるが，これまで述べてきたコンテンツ戦略の今後の在り方を示すものとして注目していくべきだろう。

　また，2015年中には日本でのサービス展開を始めるNetflixも，積極的にコンテンツ制作費を投入していき，オリジナルコンテンツの強みを発揮することで，加入者を増やしていこうと考えているようである。

　そうした事態を迎えつつも，有料の専門チャンネルが相変わらず，今までのスタイルを踏襲し続け，目標は各プラットフォームのベーシックパックに組み込まれることだけであり，視聴者の支持を得ることを二の次にしていたのでは，5年後，10年後の存在感がどれだけ希薄になっていくかは火を見るよりも明らかだろう。

日映の強さとは

　そうした専門チャンネル群の中にあって，トップランナーとして期待されるのが，日本映画衛星放送（以下，日映）であることは間違いない。

　オリジナルコンテンツを多くもつことが強みになると分かっていても，普通なら予算の問題を理由として，簡単なミニ番組を作る程度しか行われない。

　日映の場合，日本映画専門チャンネルと時代劇専門チャンネルの2つを提供しているが，特に時代劇専門チャンネルのほうで本格的なオリジナル時代劇の制作に注力していることがうかがえる。

　人気の高い「鬼平犯科帳」シリーズは原作者の池波正太郎氏の遺志もあって，原作に無いドラマを作ることは許されていない。しかし，人気シリーズであるがゆえに，視聴者としては新作を見たいと思う気持ちが強いため，それに応えるべく制作してきたのが「鬼平外伝」シリーズであり，池波氏の思いを尊重しながら，氏が書いた他の原作を参考にして，本格的なオリジナル時代劇を制作してきた。

　新作は作れないと簡単に諦めてしまうのではなく，原作者の思いも尊重しながら，視聴者の期待に応えていこうという姿勢が無ければできないことである。そうしたスタンスで臨んでいるところが，多チャンネル放送群の中でトップランナーと指摘されるゆえんでもある。どれも1時間半程度の作品で，地上波にも負けないクオリティの高いものばかりである。

　2010年から「鬼平外伝」シリーズとして，4本の作品を制作しており，最高視聴率の更新を続けながら，放送を重ねるごとに視聴者からの支持を高めてきた。

その日映が2014年の秋に制作・放送したのが,「闇の狩人」という作品で,前篇と後篇を合わせれば3時間を超える大作となっている。出演者も,中村梅雀,津川雅彦をはじめとする大物俳優で固めている。

　日映が秀でている理由は,どうせ作るのなら中途半端なものでなく,地上波のコンテンツを上回るものを作っていこうという志の高さにある。そうかといって,有り余るほどの制作予算を抱えているわけでもない。

　そこで生きてくるのが,本書の前段で述べたように,これからはコンテンツによる差別化が図られていくという事業環境を意識していくという発想である。

　「闇の狩人」は,池波正太郎氏の名作のひとつであり,「鬼平外伝」シリーズとは異なる,新たな時代劇に挑戦したオリジナルドラマである。池波氏の作品の中でも特に評価が高いのが「鬼平犯科帳」,「剣客商売」,「仕掛人・藤枝梅安」の三大シリーズであるが,「闇の狩人」が題材として選ばれた理由は,「鬼平犯科帳」で描かれる盗賊の世界,「仕掛人・藤枝梅安」で描かれる仕掛人の世界,「剣客商売」で描かれる侍の世界が見事に融合したものとなっている。

　流行の小説やコミックをドラマ化していく風潮は悪いとは思わないが,日映がオリジナルドラマの題材を選ぶ際には,チャンネルの個性を生かすような原作本を徹底的に読み込んだ成果が感じられ,いうのは簡単だが成すのは大変なことに挑んでいる。

　フランスの名優,ジャン・ギャバンが主演したフィルム・ノワール映画のテイストが生かされている。時代劇の場合には,オリジナルコンテンツを制作するに当たっても,フィルムで撮ることによって,ロウソクの灯りしか無かった時代のほのかな明るさが描きやす

くなる。そうした1つひとつの思いがこめられていくことで、より高品質なドラマが出来上がる。松竹撮影所で職人たちの腕前が存分に生かされている。

　時代劇の製作本数が激減した中で、そうした職人たちがいなくなってしまうことが懸念された。最近は、NHKはもちろんのこと、民放キー局系のBS放送でも見られる機会は増えてきたが、必ずしも新作が並ぶとは限らないこともあり、職人たちの腕の見せどころを失くさない方向に向かっていくことが期待される。

　制作コストについては、スカパーの貢献が大きかったと聞く。スカパーも他の映像プラットフォームに負けないよう、ただ多チャンネルを束ねていくだけでなく、こうした新作のファーストランの権利を得ることで、差別化していこうという意図が汲み取れる。

　これからの競争は、優良なコンテンツを真っ先に見られることが、その優劣を決めていくだけにコンテンツ投資を積極的に行うことが不可欠である。それは、どこのプラットフォームにも共通していえることである。

　逆にいえば、日映のような強力なコンテンツサプライヤーとの関係をどう深めていくかも重要になってくる。そういった存在になっていくことで、いろいろなプラットフォームから一緒にやろうと声が掛かるようになれば、専門チャンネルの存在感も増していくし、その結果として多チャンネル視聴世帯の伸びも踊り場から抜け出すことになり得る。

　安売り競争に走るのではなく、コンテンツによる囲い込みを企図するプラットフォームが生き残っていく。制作者にとっても、プラットフォームにとっても、まさに正念場を迎えているところだといえるのではなかろうか。

第5章

2020年の
4K, 8K, スマートテレビ

東京オリンピックの意義

　2020年が特別な年であると，誰もが考えている理由は，東京オリンピックが開催されるからである。

　オリンピックの価値とは，非常に多くの外国人観光客が開催国を訪れることを意識して，数多くのインフラ整備が行われるところにもある。単なるばら撒きによる景気対策的な公共工事の発注によるものとは違って，記念すべきビッグイベントを好機として各種インフラが整備されるということで，オリンピックの終了後にも非常に意味のある投資が行われるからである。

　前回のオリンピック（1964年）のときも，競技施設や日本国内の交通網の整備に多額の建設投資が行われた。もちろん国際的な需要を意識した観光施設も多く作られた。

　特に効果が大きかったものとして挙げられるのは，競技施設のみならず地下鉄やモノレール，ホテル，首都高速道路の整備，そして東京発で名古屋，大阪の三大都市圏をつなぐ東海道新幹線が開通したのも，オリンピックの効果である。

　今もなお使われているものばかりだが，いささか再生の必要性が感じられ始めているのも事実であろう。

　そういう意味では，半世紀以上の時を経て，東京オリンピックが開催されることによって，既存の設備の改修にとどまらず，最新の技術の数々を駆使して，新たなインフラ整備が行われることになると思われる。

　放送サービスの高度化といった見地からは，2020年には4K放送，8K放送が本放送を迎えているようにとのロードマップも示されている。放送とオリンピックの関係も意外と深く，1964年のときには

各種競技の模様を見ようということで，テレビ受信機の普及率が90％近くまで達するとともに，カラーテレビの普及の開始にも一役買ったことは間違いない。

そうした歴史的な経緯を踏まえれば，４Ｋ，８Ｋの映像サービスを全国的に普及させるための契機として，オリンピックが期待されて当然であり，放送サービスの高度化に向けたロードマップが前倒しに計画され直したことにも頷けることは間違いない。

オリンピックの明と暗

さて，物事には明もあれば，暗の部分もある。1964年時点の日本の経済力からすれば，オリンピック景気が華々しいものであったことも不思議ではない。ただ，2020年の日本は，すでに当時とはいろいろな意味で異なる経済情勢になっていることも再確認しておく必要がある。

東京オリンピックの開催により，東京は好景気を迎えるかもしれないが，首都圏と地方経済の格差の拡大につながってしまう可能性も大きい。おそらく1964年当時には考えられなかったことかもしれないが，今や経済の一極集中は深刻な状況にあり，地方経済の活性化策もなかなか簡単には奏功しないだけでなく，さらなる悪化が起こりそうなところも多く見られそうになっている。

その点にも留意して，４Ｋや８Ｋの映像サービスについても検討されるべきであろう。

４Ｋ放送，８Ｋ放送はいずれも，衛星放送で行われることになっている。地上波には空き帯域が見られないという事情があり，やむを得ないことも確かである。

そもそもオリンピックというのは，放送局にとって非常にウエル

カムなイベントである．ここ何回かの実績だけを見ると，放映権料の高騰により，赤字で終わってしまったこともあるようだが，日本が開催国になる以上，多くの人がテレビ視聴することになろう．テレビ離れが深刻だとはいわれるが，今でもテニスやフィギュアスケートで好成績を記録する若者が出てくれば，それまでとは比べようのないほどのキラーコンテンツとなる．

スポーツに限ったことではなく，話題作りにつながるようなものが放送できれば，テレビ離れの傾向からも回復できることが期待される．

ただ，せっかくの東京オリンピックなのだからということで，4Kや8Kの画質で見たいという人たちが続々と現れることになると，地上波は蚊帳の外に追いやられかねない．そして，地上波しかもたない地方民放にとって，非常に大きなダメージにつながる可能性もある．

もちろん，地方民放は今も厳しい経営を強いられており，4K，8Kに視聴者を奪われる以前の問題として，存続が苦しくなってきているという事情もある．

127社を数える民放局の3分の1近くが，2020年までに何らかの救済措置を必要とすることになりかねないといわれている．これまで何度も指摘されてきたことではあるが，少しずつ机上の懸念などではなくなってきており，本格的な窮状ぶりを見せるところが増えているからだ．

在京局を中心に体力のある局が，系列の地方局の救済を行わざるを得なくなる可能性が大きくなってきており，それを意識した制度整備も着々と行われ始めている．

しかしながら，仮に2020年までに3分の1までは行かないにして

も，要救済の局が五月雨式に出てくることになったときに，在京局にそれを担うだけの体力があるかというと，むしろ体力は消耗されつつあるというのが実情ではなかろうか。

そういう見地から，2020年の明と暗について考えた場合に，暗の部分が目立ち始めているとはいえないだろうか。皮肉なことに，その原因が，4K放送であるということになりかねない（民放は単体で8K放送を行わないという前提）。

4K放送がオリンピックを機に「暗」転？

4Kの映像コンテンツ制作は，今の2Kの制作費と比べると，2倍近くかかるともいわれている。もちろん初期段階とは違っていき，制作本数を増やしていくことにより，経費を抑えられることになるとは思われるが，当面のところは赤字覚悟となりかねない。

そうすると，いかに体力のある在京民放であっても，4K放送を1チャンネル運営していくためのコンテンツをそろえるのには時間がかかりそうである。

当面は今のBS放送とのサイマルで放送を行い，その中の番組を少しずつ4Kに換えていくことになるだろう。4Kテレビをもっている人には，2Kのコンテンツをアップコンして見てもらい，2Kのテレビをもつ人には，4Kコンテンツをダウンコンして見てもらうという形である。

そうなると，有料チャンネルとすることは難しくなる。有料チャンネルとするのなら，今のBS放送とは異なる番組を4Kで並べていかなくてはならない。もっとも，日本の有料放送市場は，プラットフォームベースで考えても成長が止まってしまっているだけに，1年365日24時間（24時間でなくてもよいかもしれないが）のコンテ

ンツ制作費をカバーできるだけの加入者を集めること自体が難しくなってきている。

　そこで，広告放送とならざるを得なくなると今度は，今の1チャンネルに追加して，もう1チャンネル分の広告収入が得られるかということになるが，それも難題であるといわざるを得ないだろう。

　そもそも，2Kのコンテンツを4Kにしたところで，広告収入が増えるかどうかも疑問視されている。少なくとも広告主の立場からすれば，コンテンツ本編の画質が向上したからといって，広告効果も向上するとは考えられなくて当然である。

　つまり，4K放送を行うことで，在京局の経営もかなり圧迫されることになる。長期的な展望に立てば，ビジネスモデルの変更も含めて，いろいろな可能性を秘めていることは確かであろうが，それが2020年までに顕現するとは考えにくいはずである。

　そうすると，系列の地方局の救済のために資金が必要になると分かっているのに，その一方で4K放送という赤字事業を加えることで，体力を消耗してしまうと，民間企業の経営という観点からは，非常に矛盾したことを同時併行で進めることになり，資本主義経済においては有り得ないスタイルを採っているとの評価になってしまう。

　2020年の東京オリンピックには，明と暗の2つの側面がある。明のことばかり考えているようでは，暗に対処することが難しくなり，より暗の部分を大きくしてしまう。

　少なくとも放送局にとって，明と暗のバランスをどう巧みに取るべきかを真剣に考えておかなければならない。明ばかりの業界もあると思われるが，放送業界には暗ばかりということになりかねないことを，改めて認識しておく必要があるように思われるのである。

4K放送は地方局に無縁なのかチャンスなのか

　現政権では「地方創世」がひとつのテーマになっている。一方で，「地方消滅」という書籍には，地方の危機が説得力をもって語られている。地方消滅というタイトルも決して大袈裟な話ではなく，そうした危機感があるからこそ，政府からは地方創世が謳われるのだと思われる。

　全国で896の市町村が無くなるかどうかは別として，地方のマーケットが縮小を続けていることは事実である。各県に複数の地方民放があるものの，マーケットが縮小していることから，広告営業ビジネスが成り立ちにくくなるのは自然である。

　人口が東名阪に一局集中していく中にあって，広告を出稿するスポンサー企業からしても，地方都市向けに広告を行うことは非効率であると考えざるを得なくなる。今に始まった話ではないが，スポンサー企業からは，番組は全国ネットかもしれないが，広告の対象として，この県とこの県は要らないので，そこに向けた広告費は出さないと主張されるケースがあった。今やますます，要らない県の数が増えている状況にある。

　まして地方都市が消滅していくことになれば，その流れはさらに加速していくことになる。

　そうなると，放送局の再編が不可避であるかのようにいわれるわけだが，全国で30局弱の系列ネットワークが４つある現状，および地元の新聞社を中心とした資本構造の問題があるため，そう簡単に統廃合が実現するとは考えにくい。

　もっとも認定放送持株会社の出発点は，経営が厳しくなった地方局をその傘下に収められるようにということであったが，地元資本

が離れていった際に，放送局の株主として相応しくないところに資本が行かないようにするという意味合いも強かった。

　今のところ，持株会社の傘下に収められる放送局の数には制限が設けられているが，必要に迫られれば，その制約は解消されるだろうともいわれている。

　肝心の持株会社が株式を公開してしまったことから，それも簡単ではなくなってきたと指摘されるが，そもそも地方を消滅させることを看過しないためにも，地方局は独立して存続していくことが望ましい。

　すなわち，文化の拠点として，地方局の経営が成り立つようにし，地方を生き返らせる役目を担ってもらうべきだと思うのである。

　地方局の活動は，大都市圏にいると見逃してしまいがちだが，それぞれの地元における看板会社として，いろいろな行事，イベントを支えているという事実を見逃してはならない。

　それを在京局の支社のような位置づけにしてしまうと，放送は行くかもしれないが，地方文化の拠点は失われてしまいかねない。

　そういう意味では，地方創世という政策は間違いではない。ただ予算を付けるだけでは実現も難しいと思われるが，予算も付かないよりは付いたほうが良いに決まっている。

　大都市圏から地方へと，お金や人が移転しやすくすることも重要だが，やはり地方から大都市圏に向けた情報発信を活発化させることが不可避である。

　地方局からすると，ただでさえ経営が厳しいのに，さらにコンテンツ制作に力を入れろといわれても，無い袖は振れないと考えられてもおかしくはない。しかし，それはこれまでの事情であり，せっかく地方で作られたコンテンツも流す枠が限られてしまい，あまり

多くの視聴者が見込めない時間帯に，何とか放送されるのが精一杯であるという状況の中での考え方である．

地方局が文化の発信拠点に

地方の危機が問題視されるのと機を同じくしてかのように，4K映像を活性化させようというタイミングが訪れてきた．

政府の思惑からすると，受信機の普及や4Kコンテンツの流通を促す意味でも，NHKと在京キー局で何とか6チャンネルの4K放送をBSで始められないかと考えている様子が窺える．

しかしながら，在京キー局といえども，4Kコンテンツだけのチャンネルを立ち上げることは難しいといわれており，2Kのコンテンツとの併用しかないと考えられている．簡単にいえば，4Kコンテンツが足りないわけである．足りないままでのスタートを促されるから，放送を開始すると明言する局が現れてこないし，時期が来たら渋々とに近い気持ちでスタートさせようと思っているであろう局も，ビジネスモデルについての悩みが解消できないのが現状である．

しかし，コンテンツが足りないというタイミングこそ，地方局がコンテンツ制作に力を入れるべきだと思われるのである．確かに4Kコンテンツの制作には，今までと比較にならないコストを擁すると思われるが，せっかく作ったコンテンツがどう使われるかという点については，これまでとは正反対の立場になることから，積極的に取り組みやすい環境であるのではなかろうか．

無理矢理作ったコンテンツよりも，たとえ単発であったとしても，地方の魅力をアピールできて，4Kコンテンツに相応しい番組が作れれば，ゴールデンの時間帯に放送されても全くおかしくない．

BS放送が主軸になると予想されることから，全国に向けて放送される。そこのゴールデン帯を獲れれば，作り甲斐からして違うだけでなく，高いといわれる制作費の回収も見込みやすくなる。

放送に限らず，VODでの提供も可能である。放送事業者の思惑とは別に，着々と増えつつある4Kテレビを持つ世帯からしても，待ち望まれているだけに，いろいろな形でのコンテンツ展開が可能になる。これまでは，いくら綺麗事をいったところで，なかなか陽の目を見るのが難しい状況にあったことは間違いなく，その経験値が常識化していくうちに，コンテンツ制作に割ける力も強まらなかったと思われる。

まさに発想の切り替えの早いところが強くなっていく時代になってきている。それに加えて，企業や人を誘致するだけでなく，観光需要も喚起したいところである。風光明媚なだけの環境ビデオとは違って，4Kカメラで撮ったからこそのインパクトが加えられれば，実際に現地に行ってみてみたいと思う人を増やす効果も期待できる。

そうした形で，地方の大黒柱となれるような経営努力がなされれば，再編・統廃合といった，なかなか前向きになれない改革を行っていくよりも，生産性の高さからして違ってくると思われる。

同じく地域密着をアピールするケーブルテレビ業界では，「けーぶるにっぽん」と称して，地域コンテンツを全国に向けて発信する活動が行われている。2014年度の後半には「美・JAPAN」と銘打って，12本の4Kコンテンツが制作される。

地方民放と地元のケーブルテレビ局の関係は，なかなか微妙なものであることは確かだが，コンテンツのできで勝負しようという形になれば，地方局も負けているわけにはいかないはずである。むしろ凌ぎを削ってもらっても良いくらいの話であると思われるだけに，

全国放送のゴールデン帯を狙い，VODのキラーコンテンツともなるような制作力を見せてもらいたいと思う。

今のところ，4Kのキラーコンテンツがどういうものかは分からない段階にある。ドラマやバラエティが合うのかどうかも分からない。ただ，大自然をモチーフとしたものや，地方ならではの「色」にこだわった建造物を撮ることが，成功に近づく早道のような印象が強い。

在京局が4Kカメラを持って撮りにくるのを手伝っているだけでは，再編・統廃合の話を進めることにしかならない。普段から地元を知るからこそ撮れるところをアピールすべきであると思われる。

コンテンツが足りないという状況が，そう延々と続くとは考えられない。今のうちがチャンスであると捉えて，積極的に4Kコンテンツに挑んでいくことが期待される。早い段階で，キラーが地方にあることを示すことができれば，コンテンツの量に事欠かない時期が到来しても，その存在感が薄まることはないだろう。たとえ一本のコンテンツであっても，量より質が求められる4K時代において，文化の拠点として健在であることを，誰もが認めるようになるはずである。

すべてが4K受信機に

2020年の東京オリンピックの開催を，ひとつの目安とできるよう，4K放送，8K放送の準備が進められているが，肝心の受信機の普及はどうなるだろうか。

受信機のほうは今後，4Kテレビが標準となっていき，量販店などでも4Kテレビしか売っていないということになってもおかしくない。現段階では，4K放送が始まっていないこともあり，まだ4

Kコンテンツの見られない4Kテレビも売られている。ひかりTVの4KVOD利用機能内蔵テレビであれば，ひかりTVの4KVODを楽しむことはできる。

2015年3月からスカパーの本放送，2016年からBSを使った4K放送・8K放送の試験放送が始まることが決まっており，4K放送の受信機能の付いたテレビも売られ始めることになる。

サービス展開のロードマップを見ている限りでは，なかなか受信機の普及はおぼつかなく見えるかもしれないが，テレビ受信機の低価格化の速さは相変わらずであり，わずか1年の間にも大きく変わるため，価格面が普及のネックになることは考えにくい。

まして，量販店で4Kテレビしか売っていないという状況になれば，否応なしに4Kテレビに買い替わっていくことになろう。

2011年7月24日に，地上波のアナログ放送が終了し，それまでに買い替え需要を先取りしてしまった感が強かったこともあり，家電メーカーのテレビ受信機部門は苦戦を強いられてきたが，地デジ自体は2003年12月から関東・中部・近畿の三大広域圏で始まったことを考えると，2020年初頭までには16年間もあり，地デジ化対応受信機も買い替え期を迎え始めることになる。

日本経済の動向は，脱デフレを目指した政策が執られ始めてからもしばらくの間は，なかなかデフレ感覚から抜け出せなかったように，テレビ受信機の需要を考えるにつけても，ここ3，4年の不振の印象が強く残っている現状では，再び大きな買い替え需要がくるといわれても，なかなか実感がもてないと思われる。

しかしながら，風向きが変わったことが感じられ始めれば，メーカーにとっては主力商品であるとの位置付けを回復するのに，そう時間はかからないのではなかろうか。

4K受信機ということで，大画面化することにより，各家庭に普及させる際のネックになると危惧する声も聞くが，それこそ杞憂でしかない。地デジ化に対応するためにテレビを買い替えた段階でも，すでに50インチクラスのテレビは普及していたわけであり，事前にいろいろと心配されるほどのことにはならないと思われる。

　そもそも昭和期にテレビが各家庭に普及したときのインチサイズは20インチであり，その当時から現在に至るまでの間に日本家屋のスペース事情が大きく変わったわけではない。それまで使っていたテレビのインチサイズに目が慣れているため，それより大きなものを買うと，最初はどうしても大きくなった印象を受けるが，またそのインチサイズにも慣れてしまうものである。

　そうしたことを繰り返しながら，テレビも買い替わっていくうちに，気がつけば，50インチや60インチは，豪邸でなければ置けないというほどのものではまったくなくなったということである。

スマートテレビも一気に

　4Kテレビが標準になるということに関連していえば，もうひとつ話題になっているスマートテレビもハイブリッドキャスト対応テレビを中心に標準的な受信機となっていくことになる。

　スマートテレビの定義は多種多様であり，テレビ受信機でYouTubeが見られれば，スマートテレビだという人もいる。それは必ずしも間違いとはいえないが，それだけではスマートという呼称に相応しいとは到底いえないように思う。

　簡単にいえば，テレビと通信回線が接続されていればよいのだが，2000年12月に発足したBSデジタル放送の最初の売り物のひとつが双方向機能であったものの，結線率が低いばかりに，あまり機能を

発揮し得なかった経緯にある。

電話とテレビが近くにあると，電話をかける際にうるさいし，テレビを見ている人にもうるさいということで，基本的に両者は離れた場所に置かれているからだと説明されることが多かった。

その真偽はともかく，今や通信回線といえば，ネットである。テレビとネットが接続されれば，スマートテレビとしてのいろいろな機能が利用できるようになる。

ところが，2013年の秋に総務省から発表された結線率は14%であった。そのレベルではなかなか双方向サービスも活性化しにくいといわれていたものだが，1年後の2014年秋の発表では，わずか1年あまりしか経っていないのに，数値は28%まで上がったと報告された。わずか1年で倍になった勘定になる。

日本に1億台のテレビ受信機が普及しているとすると，2,800万台はネットと接続されていることになる。そうなると，双方向サービスを仕掛けていくのも面白いという環境になってくる。これからさまざまな新サービスが登場してくるだろう。

それにしても，わずか1年で2倍になったということに首を傾げる人が多いのは無理もない。カラクリからいえば，家庭内の無線LANと接続できることになったからである。無線LAN環境は整えているものの，それをテレビと接続する初期設定が難しいともいわれるが，今の電気屋さんは親切なので，テレビ受信機を運んできて，アンテナ線とつなぐ際に，無線LANとつながる設定もしてくれるという。

つまり，4Kテレビであり，スマートテレビでもあるという受信機が，量販店にズラリと並ぶことになるので，そうした受信機が各家庭に着々と普及していくことになるだろう。2020年までというス

パンは，放送の準備は大変かもしれないが，とりあえず受信機の普及を心配する必要はないということだ。

テレビ放送のネット再送信は

日米のテレビ広告には大きな違いがあるといわれてきた。

すなわち，日本のテレビ広告には，タイム，PT（participation），スポットの3種類があるが，米国の場合にはPTとスポット広告しかないということである。

タイム広告の有無が大きな違いとなるわけだが，タイム広告の出稿者は提供スポンサーといわれ，その番組の制作費を拠出する代わりに，番組の内容にもあるレベルまでの注文がつけられる。

当然のことながら，再放送されるときに付けられるCMについても，ファーストランのときの提供スポンサーと競合するスポンサーのものは使わないのが道義的であると考えられてきた。つまり二次利用の際にも，影響力が強くあり，最初の制作費の拠出がものをいう格好になっていた。

それと違って，日米ともに共通しているPTやスポット広告は，番組の途中で挟まれるCMがPT，番組と番組の間に流されるのがスポットということで，いずれも番組の制作費の拠出者でないことから，番組内容や使い方に影響を及ぼすこともなかった。

それが定義的な話であるが，実際には，タイム広告から拠出される広告費だけでは，番組制作費を賄えなくなっていき，PTやスポット広告収入も制作費に充てられるようになったが，それは放送局側の懐事情によるものなので，再放送や二次利用について，配慮が必要になることはない。

しかし，そうした日米の違いは少しずつだが解消されてきている。

2020年にはまったく同じようになっていてもおかしくはない。

いわゆるタイムスポンサーが減ってきているということだ。もちろん，1社提供とか2社提供といった少ないスポンサーの場合には，これまでと同じような役割を果たしている。

しかし，番組の途中などで「この番組は，ご覧の各社の提供でお送りしています」とアナウンスされ，10社くらいの会社名が並ぶものも多く見られるようになってきた。確かに「提供」という言葉は使われているが，番組制作費まで拠出することはなく，PTに近い形で，会社名がクレジットされることに対して，その対価を支払っているケースが多くなっている。

そのため，会社名がクレジットされた後に，CMが始まると，クレジットされた会社の競合事業者のCMが流れることも少なくなくなってきた。

真の意味の提供スポンサーが減ってきたことは放送局の経営にとって，プラスになるかマイナスになるかは微妙なところではあるが，とりあえずファーストランの後の使い方を広告モデルで行う際に，「提供」として紹介された会社への配慮を気にしなくてよくなったことは間違いない。

スマートテレビ時代に入り，放送をネット経由でも配信する方向で検討されているが，そのビジネスモデルを検討する際に，広告モデルが使いやすくなることは確かであろう。

もちろん，テレビCMも立派な著作物であることから，ネット配信の了解を得られないケースもあるだろうが，それも時間の問題で解決していく方向にあると思われる。

これだけ放送・通信の連携が進みつつある中にあって，そう使い勝手の悪いCMが大手を振っていられるとは思えない。

民放の検討状況からすると，番組によってだが，ネットで同時再送信する番組も増えてくるだけでなく，放送終了後の１週間程度の期間は，広告モデルを採ることによって，無料視聴のサービスで提供してくることになると思われる。

　問題は，その際の広告収入をどこから得るかということになってくる。

テレビ広告費市場には拡大の余地も

　放送中におけるネットの同時再送信については，同じスポンサーの提供という形が採られ，番組の間に挟まれるCMも同じものになるだろう。

　しかし，見逃し視聴を１週間，無料広告放送で行うことになった際に，放送と同時にサーバーにも蓄積されていくことを考えれば，CMの差し替えが間に合わず，同じCMが流れる際も，CMの早送りはできても，スキップすることはできないようにすることは可能である。

　早送りといっても，目には残像が残るので，広告効果がゼロということにはならない。

　CMの差し替えが可能なタイミングになってきたときにどうするかだが，基本的には，放送時のスポンサーとの相談になるはずである。ただし，１週間程度のネット配信の期間とはいえ，そこでもスポンサーとして広告を流すことを希望する会社には，広告収入の上積みが期待できるだろう。

　また，放送後のネット配信については，CMを流さなくてかまわないというスポンサーも出てくることがあれば，そこは別のスポンサー企業のCMに差し替えることができる。

その際には，新たな広告収入が得られることになるので，いずれにしても，放送中から放送後までの流れの中では，広告収入増が期待できることになる。

　米国三大ネットワークが，ネットによる再送信を始めた途端に広告収入増を実現した理由も，ネット配信だから録画されにくいといった理由にとどまらず，スポンサーとの協議ができるようになり，その結果を踏まえて，広告収入を増やすことができるようになったことが大きい。

　そう考えると，日米のテレビ広告の在り方の違いが解消されてきたことは，日本の放送局にとっても強い追い風になるといえるだろう。

　また，広告収入を得るためには，何らかの指標が必要になる。今は視聴率がそれに当たり，それに基づくGRP計算で広告収入が決まってくる。仮に1000%で3億円という契約であれば，20%の番組をもつ局は，そのCMを50回流せば目標が達成できるが，10%の番組しかなければ100回流さなければいけなくなる。

　放送局には24時間しか放送時間が無い。つまり売り場面積は限られているので，GRPが計算根拠として使われる以上，視聴率は高いに越したことは無い。

　一方，ネットによる配信のほうは，視聴率というわけにはいかない。ただし，ネット配信を受ける場合に，何らかのアプリを無料でダウンロードしておく必要があるようにしておけば，年齢，性別，居住地といった程度の情報は取れるはずである。

　つまり，この段階になってくると，視聴履歴が重要になってくる。ただ，視聴履歴をベースとしたビジネスモデルは，説得力をもたせるまでには，もう少し時間がかかると思われる。

しかし，ネット配信のところで，年齢，性別，居住地といったデータが取れることになってくると，それだけでも広告営業するうえでは，スポンサーを納得させる材料にはなるだろう。50代の男性ばかりが見ていると分かれば，若者向けのCMを流していても効果は期待できない。

　視聴履歴ではデータを解析する対象が限定されると思われるかもしれないが，視聴率調査であっても，サンプル調査が行われているので，そう大きく説得力が変わるとは思えない。サンプル調査であるにもかかわらず，なぜか人気番組が高くなるという実績があるように，ネット配信を受ける人たちの数が何百万とはいかないにしても，統計のマジックではないが，やはり有効なデータとなり得るのではなかろうか。

　放送のネット配信を受けるのは，主に外出時であろうと思われるため，リモート視聴がメインのターゲットになってもおかしくはない。

　ワンセグ放送もリモート視聴には変わりなかったが，どういう利用シーンで，どれくらいの人に見られているのかというデータがまったく取れなかったために，視聴可能のモバイル端末があれだけの数に達しても，広告収入増につながることはなかった。

　しかし，今度のネット配信の場合には，ログが採れるところからして大違いである。民放にとって，少しずつかもしれないが，広告収入増につながっていくことは，経営上の視点からすれば，大いに期待したいところなのではなかろうか。

4Kテレビ，心配なことは

　順風満帆に見える4Kテレビにも，ひとつだけ心配されることが

ある。それは，今，そして今後，4Kテレビを買う人たちの中には，地デジ化のときと同様に，今度はすべての放送が4K放送になると思っている人が多いということだ。なまじ地デジ化を経験した後だけに，今度もすべてが4K放送になると思ったから買ったのだという不満の声が出てきそうである。

　しかし，今の地デジもBSデジタルも110度CSも今のまま変わる予定はない。あくまでも，BSやCSの一部を使って，アディショナルなチャンネルがいくつか加わるだけである。

　しかし，業界関係者からすると，知っていて当たり前のことでも，一般の生活者には誤解されてもおかしくはない。4Kコンテンツがどこにも無いのに，4Kテレビが売れてしまっていることからしても，正確な情報が伝わっていなくて当たり前である。

　いくら4Kテレビしか売っていない状況がきても，4K放送はアディショナルに行われるだけである。いち早く新製品を買ってくれるアーリーアダプターは貴重な存在である。その人たちに納得してもらえるような説明は，どこかのタイミングで対応を迫られることになる可能性はある。

　そうでないと，4K放送，4K放送というから高いテレビに買い替えたのに，大半は2Kの放送のままであるということが，アーリーアダプターを通じて，口コミで広がってしまうと，4Kテレビへの期待度までシュリンクしてしまう。新たな放送の開始と受信機の普及は，まさに車の両輪のようなものである。

　2020年という期限がある以上，鶏と卵の先後の議論をしている余裕はない。そうしたことを一気に収めてしまう力があるのが魅力的なコンテンツである。まずは4KのVODから触れていきながら，その過程でキラーコンテンツは何なのかといったことも開拓できるこ

とが期待される。

　放送と受信機だけの世界では難しかったことだが，単品ベースでも4Kコンテンツに触れられる機会が先行できたということで，4KVODが先行してスタートしたことの功績は大きいと思われる。

　これが8Kテレビということになると，やや事情は変わってくる。それについては改めて述べることとする。

8Kテレビ普及のハードルは

　2020年までに，4Kテレビは巷の予想などとは次元の違うレベルで普及していくと述べた。だが，2020年の東京オリンピックを目指して普及が望まれるのは，4K受信機だけでなく，8K受信機も同じことである。

　ただし，8K受信機の場合には，普及するはずがないと予想する人の主張も決して間違いではないように思う。2Kと4Kのコンテンツは比較的，使い分けしやすいようだが，8Kとなると，まったく別物に近くなってしまうのと，価格，インチサイズ，マーケットが日本国内にしか無いといったマイナス要因もそれなりに説得力があるからである。

　結論から先にいえば，それでも8Kテレビは，4Kテレビと比較したら普及率は低くならざるを得ないものの，最低でも5％，つまり500万台程度は普及すると見ている。ただ，2020年の段階でそこまで行けるかは難しいかもしれない。また，受信機が500万台しか普及しないのに，8K放送を行うことの是非も議論されることになりそうである。

　順番としては，8Kテレビは普及しないという予想の根拠を挙げていくところから述べていくこととする。

まずはいうまでもなく，世界で市場が日本国内に限られる可能性が高いという点は大きい。家電メーカー各社が4Kテレビとスマートテレビの組み合わせで，テレビ受信機部門の息を吹き返すという理由は，引き続き，世界市場を捉えて展開していくことができるからであり，その結果もあって，低価格化が進むというというシナリオがある。

　しかし，8Kテレビの需要が日本国内に限られるとなると，そうそう大量生産をするわけにもいかないので，結果として，ネックとなる価格の低下が簡単には見込めないことになり，高止まりしたままになりかねない。

　アーリーアダプターですら，なかなか手を出さないということになってしまうと，本当にマニアックな製品でしかなくなる。

　インチサイズの問題も無視できない。一応，巷間，いわれているインチサイズは100インチである。50インチや60インチまでは対応できる家庭も多いと思われるが，さすがに100インチといわれてしまうと，文字どおり豪邸でなければ置く場所がないということになりかねない。

　ただし，実際には85インチでも8Kコンテンツの魅力は十分に伝わるようである。受信機の普及という観点から考えるのであれば，85インチをベースに議論していかないと，話は一向に前に進まなくなってしまう。インチサイズが大きくなることには慣れるものだが，それは少しずつ大画面に慣れていくということなので，一気に85インチから始まることになると，抵抗感を覚えるほうが普通なので，やや普及に向けたハードルが高いように思われる。

8Kテレビの追い風は

　4Kテレビは標準化していくと思われるが，8Kテレビのほうはそう簡単ではなさそうである。

　8Kテレビの普及のネックとなりそうな理由は，画角が大きいことにとどまらない。85インチのテレビであっても，その重さは400キロを超えるようだ。いくら薄型テレビであるとは言え，85インチの薄型パネルが倒れることのないようにするため，パネルを支える台座の部分は強固で，それなりの大きさのものが必要になる。そのため，全体の重さは，大画面化するほど増してしまわざるを得ない。

　85インチ以上のテレビを，マンションの一室に収めようとすると，エレベーターで運んで，玄関口から入れることは難しい。ピアノを運び込むのと同じ要領で，ロープで縛ってベランダ側から入れようとしても，400キロという重さになると簡単ではない。人手も要することになるし，万が一にも落としてしまったら大変なことになる。

　そうした物理的な理由でも，普及のハードルが高くなり，本当に500万台も売れるのかと疑問視する声も出そうである。

　ただし今後，建設されるマンションによっては，最初からリビングの壁に8Kテレビを埋め込んでしまうことは考えられるし，そうしたマンションが増えていけば，8Kテレビの普及を後押しすることになりそうだが，マンションを購入する人にアピールする努力は別途，必要になることは間違いない。新たなマンションに限らず，一戸建てであれば，後から，壁に埋め込むことも可能なはずである。

　そうした環境作りに貢献するのが，パブリックビューイングである。2014年に開催されたブラジルでのワールドカップでは，日本国内の4拠点で8Kのパブリックビューイングが行われた。遠いブラ

ジルから8Kの映像・音声を運んでこられた実績からすれば，日本国内でのコンテンツ流通に支障を来たすことは無さそうである。

2020年までの間の一大イベントとしては，2016年にブラジルで開催されるオリンピック，2018年に開催される韓国での冬季オリンピック，同じく2018年にロシアで開催されるワールドカップがある。

そのときどきに，8Kのパブリックビューイングが日本全国で，より多くの会場で行われるようになると予想される。また，オリンピックやワールドカップだけにとどまらず，国際的な規模で行われるイベントが8Kのパブリックビューイングの対象となっていくだろう。

それだけ8Kの映像に触れる機会が多くなっていくにつれて，パブリックビューイングの会場で，その素晴らしさを実感した人たちが，自宅でも視聴できるようにしたいと考えるようになれば，500万台という普及規模も少しは現実感を帯びてくるのではなかろうか。

8Kテレビを新たに設置するスペースを心配することなく，最初から壁に埋め込まれているマンション販売にとっても，魅力のひとつとなっていくように思う。

もっとも，以上のことは，いわゆる一般的な認識をベースとした話である。技術の進歩の速さに驚かされることは，今後，次々と起こってくると思われるが，8Kテレビは85インチどころか，55インチというサイズにまで縮小されることになった。それならば，十分に各家庭に納まるサイズである。もちろん高画質の魅力には何ひとつ影響しない。

本書執筆の時点では，あまり広く知られてはいないが，こうして，8Kテレビについても，85インチ論に頭を悩ませた成果が，55インチの登場と普及の可能性を広げていくこととなるのである。

イノベーション！ 「55インチの8Kパネル」

　2015年に入ってから，55インチの8Kパネルが提案されることになり，それまでのインチサイズの問題は簡単に解決してしまった。

　もともと，8K放送がブレイクされるタイミングは2020年の東京オリンピックであろうと考えられている。2020年までの期間を長いと考えるか，短いと考えるかは人によって異なると思われるが，今のスマホ・タブレットが世界的に普及していくのにかかった期間が，初めて市場に投入されてから6，7年も必要とされなかったことから明らかなように，現時点での常識だけをベースにして否定的な印象を持つのは間違いであろう。

　受信機のインチサイズさえ，短期間で変わってしまう可能性が出てきたことからも明らかなように，4K放送には取り組むものの，8K放送に取り組むことなど有り得ないと決めてしまって良いのかは，疑問視しておかねばならないはずである。

　8Kの高精細度の映像は，医療現場や教育現場などからも注目されている。おそらく一気に進まないのは，価格が高いという一点に尽きるだろう。

　しかし，民生用にしても，業務用にしても，価格が高くて困っているならば，どちらにも同時に対応していくことにより，価格を下げることが期待できる。その辺りは，まさにメーカーの腕の見せ所ではないだろうか。

　さて，8Kテレビというものが，いわゆる普及価格より少々高いといったレベルで登場してきたときに，その受信機を買う人がどういう行動を採るかを考えれば，8K放送というものも，ビジネス的な見地から議論する価値が高まってくる。

4Kテレビも2014年4月からの消費税増税前というタイミングで，それなりに購入者数が増えたものの，何らかの機器を追加的にセットしないと，4Kコンテンツを見られないことになった。それでも，4Kテレビの場合には，今の2Kの放送が綺麗に見えるといった満足感は得られたに違いないのだと思われる。
　しかし，8Kテレビを購入する人たちの場合はどうであろうか。その間に4Kテレビが存在したことも作用して，8Kテレビを買うからには，8Kのコンテンツを見たいという意思が非常に強く働いてくるはずである。ビジネスモデルを考えるうえでは，そうした消費者マインドを捉えておかねばならない。
　その点を見誤ることがないよう，事前に検討しておく必要があるのが，地デジ化とともに標準的な受信機と考えられるようになった三波共用機との違いである。
　三波共用機が普及していくことで，メリットが感じられたのは，BS放送を行う事業者と110度CS放送を行う事業者である。
　どうしても地上波をメインに考える傾向が強い中にあって，受信機を新たに用意しなくても，地デジを見るためとはいえ，受信機が勝手に普及してくれることは望ましいと思われて当然である。
　実際にそうした期待を抱いた事業者の思惑どおり，BS放送や110度CS放送の視聴者は着々と増えていった。しかしながら，三波共用機を購入したからといって，BS放送や110度CS放送も見てみようと考えた人たちの数は一定限度のところまでしか行っていない。当然のことながら，地デジ化対応のテレビを購入したら，それが三波共用機であったに過ぎないとすれば，別にBS放送や110度CS放送まで見ようとは思わない人が多かったのも，特に不思議に思うことはない。まして有料放送については，見なければ損だと思わなくても

当然と言えよう。

　そこが8Kテレビとの大きな違いである。もちろん，4Kテレビについても同じ理屈は成り立ちそうなものだが，肝心の4Kコンテンツが提供される前から普及し始めてしまっただけに，三波共用機のケースと同様に，何としても4K放送を見なければと思わないのも無理はない。

　8Kテレビを購入する人が，明確に8Kコンテンツを見たいという思いを抱くといった理由がそこにある。放送で何チャンネルになるか分からないが，その放送を視聴しようという意欲も強いはずである。

　8Kテレビが2020年までに500万台の普及を達成すれば，500万件の視聴世帯があるのと同じことになる。

　その点はビジネスモデルを考えるうえで重要なことであり，8Kコンテンツを送り届けられるチャンスが少なければ逆に，すべての8Kテレビ購入者を自らの加入者になるとカウントしても構わないことになる。

　コンテンツが揃わないことが，有料モデルを採ることの障壁にはならない。4K放送にもいえることだが，8Kの放送の場合，それを録画してタイムシフト視聴しようとしても無理がある。もちろん，いずれは大容量の録画機が登場してくるとは思うが，それまでの間は，なまじ録画できないからこそ，再放送の機会を増やすことが視聴者にとっても有り難いことになる。

　そう考えれば，コンテンツの数は少なくてもビジネスになるといえる。さらに，有料と広告の両モデルを採ろうとすれば，タイムシフトが難しいだけに，広告料も取りやすくなる。まして，高い8Kテレビを購入し，8Kのコンテンツを有料であっても見ようと考え

る視聴者が対象となってくる。広告スポンサーからしても,とても魅力的な媒体に見えるのではなかろうか。

　三波共用機のときとは異なり,8Kテレビを買う人は必ず,8Kのコンテンツを視聴しようと考えられることが重要であり,それを前提にビジネスモデルを構築していくことの勝算も高くなるというものだ。

　こうした考え方をすれば,実は8Kコンテンツを提供する事業者が少なければ少ないほど有利になることは明らかである。

逆ガラパゴスに臆さず

　今のところ,8K放送に意欲を見せているのはNHKだけだが,民放の中からも8K放送を行うところが出てくる可能性は否定できない。4Kや8Kの世界では,民放の横並びは成立しない可能性が高い。

　VODのプラットフォームも,今の段階では受信機が無いので,特に8Kコンテンツを取り扱う準備をしているところは見られないが,8K映像の魅力が各家庭のところにまで広がってくれば当然,VODサービスを提供するところが出てくるだろう。

　その前に,4Kテレビが広く普及していることが前提にはなるが,2020年までのタームを考えれば,直前の1年前,2年前には,ほぼ同じタイミングで,受信機が普及していなければ,放送サービスも成り立たなくなる。

　ただ,とかく100インチ以上でないと,その魅力を発揮できないといわれてきたものの,55インチでも発揮できる受信機が出てくるように,技術の進歩が速い世界でもあるため,あまり早い段階で見切りをつけてしまうことは避けるべきだろう。

世界の中で，8K映像をビジネスベースで考えているのは，今のところ日本だけである。だが，日本が新たなサービスの牽引役となることを最初から諦めてしまうのでなく，日本での8Kテレビの普及度合いが高まってくれば，日本発のサービスとして世界標準となっていってもおかしくはないし，一昔前の日本企業は，そこを目指していたところが多かったはずである。

　ガラパゴスと称されることを恐れてばかりいたのでは，常に欧米の後追いにしかならざるを得ない。しかし，後追いで展開している限り，事業の採算性を高めていくことは難しくなるばかりである。メイド・イン・ジャパンの復権に期待したいところでもある。

　多くの関係者が8Kビジネスを否定している理由も分からなくはないが，自らは挑戦していかないにしても，その発展の可能性を否定すべきではないと考える。何が大化けするか分からないのは，今も昔も同じである。日本発のものが世界に広まっていった事例も決して少なくはない。

　そうした前向きな発想をもって臨む姿勢を失ってしまうことのほうが，国力という観点から考えてもマイナスにしかならないので，再び上昇志向をともなった攻めの経営が脚光を浴びることに期待したいところである。

本当のグローバル化とは

　4Kや8Kの映像コンテンツ市場について論じようとすると，特に8Kの場合には，世界的な広がりが見られないことから，ネガティブに捉えられることが多い。これまでの日本産業の在り方からすると，大量生産からクリエイティブへの転換が求められるとはいいつつも，日本発のモデルを世界に広げていこうという思いは感じ

られない。

　日本の成長戦略のひとつとして，放送コンテンツのグローバル化が掲げられても，日本国内でひと通りビジネスとして成り立ったものを，海外にも展開していこうというだけで，最初から海外市場だけを意識してコンテンツ制作が行われる規模はあまりにも小さい。

　しかしながら，世界レベルで受け入れられたものを日本に持ち込んで，それに付加価値をつけて再び世界市場に売っていくという既存のモデルだけでは限界がきており，まだ世界のどこにも市場は無いけれども，日本が発信源となることによって，市場を形成していくという発想も必要なのではなかろうか。

　4K映像コンテンツの制作についても，日本だけでなく，ハリウッドや韓国でも取り組まれていることが，日本でも取り組んでいける安心材料のようにいわれている。8Kについては，それがどこにも無いことから，敬遠されている感も強い。

　しかし，ハリウッドはもちろんのこと，韓国における4Kコンテンツの制作は，韓国の国内市場だけをターゲットとしているとは到底思えない。隣国の日本で，韓国ドラマが根強い人気があるからというのも，日本側の見方であり，韓国メディアからすれば，アジア全域をターゲットにしていると考えてもおかしくはない。

　韓国の国内市場は，日本のそれに比べると，はるかに小さい。しかし，グローバル化についての試みでは，大きく差をつけられている。

　日本は成長戦略としてグローバル化を掲げていながら，韓国の背中を眺めているようでは仕方が無く，負けずにいくためには，4Kコンテンツで足場を固めながら，最終的には8Kコンテンツで世界市場を創世し，日本の高画質文化に世界各国が追随してくるような

形でリードしていくくらいの気概をもつべきではないか。

　この構想は決して現実離れした国粋主義の表れでも何でもない。

MUSEの魂

　それこそ，前回の東京オリンピック後に，NHK技研が開発を始めたアナログハイビジョン放送であり，その後の研究の成果ともいえたMUSE方式（Multiple Sub-Nyquist-Sampling Encoding system）は，明らかに日本発で世界の標準となることが目指されていたものだからである。

　1989年からBSを用いた実験放送が，1994年には実用化試験放送が始められるという段取りで，着々と実現に向けた準備が進められていた。

　アナログであったこともあり，画質的には今の２Ｋの放送よりも優れたものであった。日本発の世界標準技術として，欧米にも紹介されていた経緯にある。まさに，本書の前段で述べたように，世界のどこにも市場は無かったけれども，日本が率先して切り開いていこうという気概を感じるプロジェクトであったように思われる。

　しかしながら，政治的その他さまざまな理由から，このプロジェクトはあくまでも試験放送のままで終了することになる。

　当時はただでさえ，日本のテレビ受信機が世界市場で大きな存在として意識されていた。米国からしてみると，次世代の放送まで日本方式が標準とされることにより，日本の家電メーカーのテレビ受信機が完全に世界を制覇してしまうことを恐れたからだともいわれている。

　そこで米国が提案してきたのがデジタル放送であった。その結果，日本のMUSE方式は世界標準としては却下されることになり，デジ

タルハイビジョン放送が世界標準として規格化されるに至った経緯にある。

　つまり，当時は日本発で世界市場を形成しようという気概があったわけである。ところが，そのときのショックもあってか，すっかり「日本発」というコンセプトは姿を消すこととなってしまった。

　つまり，8K放送で世界市場を形成していこうという発想は，決して突飛なことではなく，その当時の志を取り戻そうということでしかないのである。

　いみじくもアナログハイビジョン放送の研究開発が始まったのが，前回の東京オリンピックの後ということでもあり，2020年の東京オリンピックを契機として，世界に8K放送を見てもらう機会を作り，8K放送こそ世界的なムーブメントであるという流れにすることは，2回の東京オリンピックをつなげる，とても意義のある試みであると思われるのである。

高画質で世界市場へ

　現段階では世界的なニーズは見出せなくとも，それで諦めてしまうのではなく，そもそも8K画質を見られてすらいないに等しいので，それを実際に見てもらうことにより，改めてニーズを掘り起こせるか，試みていくことが重要である。

　インチサイズの問題にしても，日本の家屋事情のほうがタイトなだけであり，世界的な視野で捉えれば，大画面テレビを置くスペースに事欠かないのは，欧米・アジア諸国のほうではないか。

　成長戦略は政府がかざすだけでは何の意味もなく，民業の強い意欲があって初めて，成り立つものである。

　「8Kを世界に」といった志で臨むのであれば，ブラジルのワー

ルドカップの際には，遠く日本まで映像を運んできて，8Kのパブリックビューイングを見せたという実績を生かして，まさにその逆ともいえるかもしれないが，東京オリンピックの模様を世界の主要都市で8Kパブリックビューイングを行って，実際の画質や臨場感を体験してもらうというよい機会ともいえる。

日本のブロードバンドインフラの光化も，世界に例を見ない普及を見せている。そのせいで，4K，8Kといった高画質・大容量の情報を各家庭まで運ぶのにも役立っているということは，世界で8Kの市場が出てくるころには，その点についても日本方式を採用しようという発想になってもおかしくない。

世界に市場が無いから諦めてしまうのでなく，世界に市場を形成していくことで，日の丸ジャパンの強さをアピールしても良いのではないか。PCのOSから，スマホ・タブレットの仕様にいたるまで，米国産の技術が日本中を席巻している経緯にある。

日本も技術的には決して劣る国ではないことを考えれば，今度は高画質に対する日本人の厳しい要求に応えてきた技術をもって，世界市場を形成していくのがよいと思われる。

日本は世界的に見ると，コミックやアニメが強いといわれているが，米国のディズニーを始めとして，強力な企業は海外にも多く見られる。それでは日本の子供に受け入れられにくいから，日本的なコンテンツとして作り続けた結果，日本式のものが実は世界に出ても強かったという事例である。

日本と欧米では，映像コンテンツに求める機能が異なり，日本人は高画質に対する要望が強く，それに応えるべく，コンテンツも受信機も開発されてきた。

もしかしたら，コミックやアニメのように，日本式のものを世界

に提供してみたら強みとして生きてくる可能性もあるのではなかろうか。
　4Kや8Kを推進していくに当たって，海外に市場が無いことをネガティブに受け止めるのが正しいのか，それともまず国内のニーズに十分に応えられるだけの力を蓄えて，世界に出て行くチャンスと捉えるかは，まさに成長戦略的な発想でいうならば，正反対であるように思われる。
　日本の国内市場が大きく，国内で成功すれば十分にやっていけるだけの規模であるがゆえに，世界に出ていく気概のある産業が少なくなっていることは事実である。
　しかし，コンテンツ立国というのであれば，4Kはもちろんのこと，8Kをベースにして海外に出て行くくらいのつもりで臨むことが必要なのではなかろうか。日本の優れている部分をガラパゴスのようにいって片付けてしまうのではなく，これから世界市場を形成していくのだと捉えることで，日本経済の活性化にも大いに寄与することになると思うのである。

おわりに

　4K，8K，スマートテレビというのは，技術の進歩の賜物といえるのだろうが，ユーザーのニーズに応えて提唱されているわけではない。どちらかといえば，ユーザーのニーズを掘り起こすところからスタートすべきものとなっている。

　そのためか，3Dがそうであったように，一時的に凄く盛り上がったものの，いつの間にかシュリンクしてしまったサービスと同類なのではないかと考える人が多いのもやむを得ない。

　本書の冒頭で，白黒テレビの登場まで遡って触れたのは，日本人のテレビ放送，映像コンテンツに対する需要というものを振り返ることにより，高画質とは思いのほか，キラーなサービスであり，3Dとの区分けをきちんとしておかないと，せっかくの技術が生かされずに終わるかもしれないと危惧されたからである。

　白黒テレビの登場時には誰もが驚き，強い関心を示したが，先にニーズがあったわけでなく，技術の進歩の成果に驚かされ，低価格化とともにニーズが掘り起こされた典型であったように思う。3Dもそうであったと思われがちだが，テーマパークのパブリックビューイングや映画館で接点をもった人は多かったと思うが，家庭でのテレビ視聴という利用シーンとは微妙に異なっていたように思うのである。

　携帯電話機がスマートフォンに取って代わられつつあるのと同様に，テレビ受信機は確実にスマートテレビの方向に向かっていく。それは，2000年のBSデジタル放送の登場以来，テレビ受信機と通

信回線の接続が進まないため，双方向サービスが広く行えないといわれてきたものだが，2013年の秋から2014年の秋までのわずか1年間で結線率が14%から28%まで倍増したことからもうかがえるように思う。

電話も固定回線のものから，モバイル系へのシフトが急速に進んでいるように，ネット環境というものが，ユーザーが意識する以上のスピードで整備されており，無線LAN環境からのアクセスが増えてきたことの影響が大きいものである。

つまり，ニーズに応える形でのサービス展開ももちろん重要であるが，ニーズが知らず知らずのうちに生まれていくことに対して，それをユーザーに気づいてもらい，先回りしてサービス提供をする時代になってきたことを物語っているのではなかろうか。

本書の中でも繰り返し述べたが，テレビ受信機の買い替えを目的に量販店に出かけてみると，そこで売られているものはすべて4K対応になっており，スマートテレビ機能を搭載していることになっていくはずである。

知らず知らずのうちに自然と普及していく次世代型のテレビ受信機は，それをもつユーザーに，どれだけ簡単に取り扱うことができて，どれだけ便利なサービスが提供されるかが競われる舞台となるだろう。

やや意欲的に2020年の東京オリンピック時までの予想も含めて記したのも，そのくらいのスパンで見ていかないと，場当たり的な対応ではユーザーが定着していかないと考えたからである。

もちろん，今の技術の進歩のスピードからすれば，2020年には本書では想定もしていなかったサービスが市場を牛耳っていてもおかしくはない。ただし，一消費者，一視聴者として考えれば，そうし

た嬉しい誤算は歓迎したいところである。

「放送と通信の連携」といった言葉は，あまり使わないように心がけた。連携は必然であり，肝心なことは，その先に何があるかを具体的に意識すべきだと考えたからである。

アベノミクスの真価は引き続き問われることになろうが，東京オリンピックという一大イベントを迎えて，社会インフラは大きく変わることになる。日本発のサービスにもスポットライトが当たりやすい環境になる。

真の意味で，コンテンツ立国が実現されるのなら，それが何よりだと考えており，高齢化社会の到来が回避不能であるならば，力仕事よりは付加価値を得意とすべく方向転換していく必要がある。

その実現を期待しながら，本書を記した次第である。

著　者

【著者紹介】

西　　正（にし　ただし）

1958年東京都生まれ。82年東京大学法学部卒業後，三井銀行（現三井住友銀行）入行。94年さくら総合研究所（現日本総合研究所）に出向し，メディア調査室長，01年日本総研メディア研究センター所長を経て，03年，㈱オフィスNを設立。放送と通信，双方に精通したメディアコンサルタントとして現在に至る。
著書に『地デジ化の真実』（中央経済社），『IPTV革命』（日経BP社），『2011年，メディア再編』（アスキー新書），『いつテレビを買い替えるか』（小学館文庫）など多数。

4K，8K，スマートテレビのゆくえ
2020年に向けて次世代放送はどう進化するのか

2015年5月20日　第1版第1刷発行

著　者　西　　　　正
発行者　山　本　憲　央
発行所　㈱中央経済社

〒101-0051　東京都千代田区神田神保町1-31-2
電話　03 (3293) 3371（編集部）
　　　03 (3293) 3381（営業部）
http://www.chuokeizai.co.jp/
振替口座　00100-8-8432
印刷／三英印刷㈱
製本／㈱関川製本所

©2015
Printed in Japan

＊頁の「欠落」や「順序違い」などがありましたらお取り替えいたしますので小社営業部までご送付ください。（送料小社負担）
ISBN978-4-502-15131-6　C3034

JCOPY〈出版者著作権管理機構委託出版物〉本書を無断で複写複製（コピー）することは，著作権法上の例外を除き，禁じられています。本書をコピーされる場合は事前に出版者著作権管理機構（JCOPY）の許諾を受けてください。
JCOPY〈http://www.jcopy.or.jp　eメール：info@jcopy.or.jp　電話：03-3513-6969〉